风险与安全

RISK AND SAFETY

"没有哪一次巨大的历史灾难，不是以历史的进步为补偿的。"

——弗里德里希·恩格斯

风险与安全 RISK AND SAFETY

唐山市灾后重建 40 周年规划建设回顾与总结

庞崇　孙志丹　万汉斌　张孝奎 等 编著

中国建筑工业出版社

图书在版编目（CIP）数据

风险与安全——唐山市灾后重建40周年规划建设回顾与总结/庞崇等编著. —北京：中国建筑工业出版社，2017.7

ISBN 978-7-112-20997-2

Ⅰ.①风… Ⅱ.①庞… Ⅲ.①城市规划—研究—唐山 Ⅳ.①TU984.222.3

中国版本图书馆CIP数据核字（2017）第165019号

责任编辑：焦 扬
责任校对：王 烨 张 颖

唐山，中国近代工业的摇篮城市，顷刻间被一场里氏7.8级的大地震夷为平地，24万人罹难，16万人重伤，95.5%建筑震毁，直接经济损失达54亿元人民币以上。回溯历史，在感叹灾难无情的同时，亦感慨这座曾经满目疮痍的城市，创造的浴火重生的奇迹。

本书写于唐山震后重建40周年之际，以地震为主线，围绕灾害进行全景式历史回顾，简要阐述唐山城市建设的演变过程及各种灾害在城市规划与建设中留下的印记；系统梳理震后重建规划以及历版总体规划对城市防灾减灾的思考与探索；基于历史回顾，从不同角度对防灾减灾的应对举措进行针对性总结；对新形势背景下唐山市所面临的主要灾害风险重新界定，展望并着手将其建设为一座安全的弹性城市。

本书可作为了解唐山历史、关心唐山发展、对唐山怀有深刻感情的广大市民、广大城市规划与防灾规划设计工作者、社会研究工作者的参考性文件。

风险与安全——唐山市灾后重建40周年规划建设回顾与总结

庞崇 孙志丹 万汉斌 张孝奎 等 编著

*

中国建筑工业出版社出版、发行（北京海淀三里河路9号）

各地新华书店、建筑书店经销

北京顺诚彩色印刷有限公司印刷

*

开本：787×1092 毫米 1/16 印张：$11\frac{1}{2}$ 字数：200 千字

2017 年 7 月第一版 2017 年 7 月第一次印刷

定价：128.00元

ISBN 978-7-112-20997-2

(30642)

编写人员名单

顾　　问：高怀军　赵铁政　王春燕　王晓东　张险峰

主要编写人员：庞　崇　孙志丹　万汉斌　张孝奎

参加编写人员（以姓氏笔画为序）：

王　丽　王　启　付大鹏　冯立超　刘　坤

刘　慧　朱海亮　李素平　张　洁　张　杨

张　燕　高　敬　郭银苹　韩孟强　董　林

序一

唐山市位于河北省东部，是一座具有百年历史的沿海重工业城市。2016 年是唐山震后重建 40 周年，历经四十载，这座中国近代工业的摇篮城市，从一片废墟瓦砾中蜕变为渤海湾的一颗璀璨明珠。每一个植根于此的唐山人都能触摸到这座城市变迁跳动的脉搏。本书出版的初衷是向关心这座城市发展的人们展示唐山百年来的发展变迁，并以此献给这座经历灾难并重生的城市。

过去 40 年，中国城市化水平发生了急速增长。1986 年震后 10 年，唐山市市域城市化水平为 21.1%，2016 年震后 40 年，市域城市化水平已经达到 56%。无论是城市建成区规模还是城市开发强度、城市建筑高度等方方面面，唐山都经历了史无前例的巨大发展。震后重建 40 周年之际，作者对唐山市的规划建设进行了重新审视，力图总结 40 年来城市发展中的经验和不足，希望能进一步拓展规划建筑界学者、设计师和城市决策者们在城市研究方面的认识。

同自然灾害抗争是人类生存发展的永恒课题。回首唐山的城市发展，各类灾害始终相伴、不时侵袭，给这片土地留下了或轻或重的创伤。时间是剂良药，抚平了灾害过后留在这座城市和人们心里的创伤。时间也是见证者，见证了唐山走向安全之城的不断努力。借由本书对唐山过去、现在及未来面对灾害风险的全面梳理，以及对城市防灾减灾之路的思考，作者真诚地希望能够唤起普通民众对城市防灾减灾的认知，激发研究者们对城市防灾减灾的新想法、新探索。

本书自构思至最终付诸出版，历经 2 年时间。感触良多的不仅是一项工作的终结，更多的是编写过程中对唐山人民延续至今“自强不息、守望相助”的抗震精神的深入体会，对这座城市历经劫难与重生、不断焕发生机的自豪与骄傲。编写期间，作者走访了多位地震亲历者，听取了城市防灾、城市规划与建设领域的众多专家学者们的意见与建议，并得到唐山市人民政府、唐山城市规划展览馆、唐山市城市建设档案馆、中国城市规划设计研究院等各级单位及部门的积极配合，书中部分图片来源于《唐山百年》及《唐山城市记忆》，在此一并感谢。

最后，怀着对这座城市的理解与热爱，期待浴火重生的凤凰之城未来在渤海之滨绽放新的风采！

2017年06月28日

序二

1976 年 7 月 28 日凌晨 7.8 级地震袭击人口密集的唐山市区，波及北京和天津两个特大城市，是 1949 年新中国成立以来发生的破坏性最大的地震。地震造成 242769 人死亡，32219186 间房屋倒塌，直接经济损失 54 亿元。唐山市区损失最为严重，死亡 13.6 万人，95.5% 民用建筑和 80% 工业建筑破坏或倒塌。

7 月 28 日上午，时任国家基本建设委员会抗震办公室副主任的我，奉命前往灾区，因天津到唐山的蓟运河大桥倒塌折返。次日改道经玉田、丰润到达设在唐山机场的河北省唐山地震抗震救灾指挥部。时任河北省委副书记马力在国家建委介绍信上批示了接待部门，但很难找到。晚间，我们坐在路边，旁边就是用棉被裹着的一具具的尸体。见到的灾民，表情冷酷，没有哭泣，没有呼喊，整个唐山市沉静在极度的悲痛之中。看到本书，40 年前的情景历历在目，犹如昨天。

认识源于实践。人们从一次又一次的地震灾害中，学到了抗御地震灾害的知识，验证了抗御地震灾害的发现，催生了地震科学和地震工程学。唐山地震灾难和震后 10 年重建，向人们提出的一个最为重要的问题是，如何使唐山地震灾难不再重演。在这方面，我们从地震灾难学到的东西很多，例如：

1. 如何应对地震基本烈度估计过低？地震以前，唐山市的地震基本烈度为 6 度，实际高达 11 度，估计严重偏低。按当时建筑抗震设计规范，建筑不须抗震设防。所以，震前唐山市是一座没有抗震设防的城市，以致酿成巨灾。这种情况在世界多地震的美国、日本和我国多有发生，今后也难避免。这种失误主要是受科学水平的限制。表现为不能准确估计地震危险，不能完全把握建筑和工程设施的地震性状和破坏机理。我们从唐山地震灾难学到的策略是：适当提高地震基本烈度和建筑抗震设防标准，建筑和工程设施的抗震设计留有适当的安全余地；城市规划立足于防大震。

2. 多层砖房如何防止倒塌？唐山地震是对建筑和工程设施的一次超巨型足尺建筑和工程设施的振动台实验，实验结果表明，凡在纵、横墙交接处设置钢筋混凝土构造柱和在中间楼盖设置圈梁的多层砖房，地震后都表现良好，这一发现和跟踪研究成果不但已用于灾后重建，还被列入国家建筑抗震设计规范。

3. 如何对受损建筑修复加固？天津第二毛条厂的3层钢筋混凝土框架厂房，1976年7月28日主震时受到破坏。震后没有对厂房整体做抗震分析，只对柱子破坏部位进行了加固。1977年5月12日宁河6.2级余震时，加固的厂房完全倒塌。警示考虑厂房整体抗震性能的重要性。

4. 什么是震后营救被埋人员的有效方法？震后60万人被埋，80%是靠自救互救出来的。驻当地部队人数只占灾区部队总人数的20%，但救出的人数却占部队救出总人数的96%。有些地段，96.8%被埋人员是家人和邻居救出的，84.6%是距离500米以内人员救出的。自救互救，建设有信息、有训练的防灾社区是营救被埋人员最有效的方法。

5. 生命线系统的地震安全是震后救援的保障。地震后，电厂厂房倒塌，造成电力中断，致使矿区排水设施不能工作，地下巷道被淹，采煤生产中断；通讯设施破坏和电力中断，使唐山市和外界失去联系，中央和河北省政府不能及时获得灾情信息，采取应急措施；桥梁倒塌造成交通中断，救援人员和物资不能及时到达灾区。建设安全抗灾城市，必须确保生命线系统的地震安全。

本书为唐山市城乡规划局和唐山市规划建筑设计研究院、北京清华同衡规划设计研究院共同策划编写，是唐山市灾后重建40周年规划建设的回顾和总结。本书以纪实的视角，回顾了同灾害伴生的唐山市的发展历程，40年来唐山市防灾减灾规划和建设工作，以及唐山市民“自力更生、艰苦奋斗、发展生产、重建家园”和“自强不息、守望相助”的抗震精神；用案例研究和分析的方法，探讨了科技日新月异的现代社会的城市灾害风险，建设能快速恢复的安全防灾城市的途径，以及城市防灾工作的新思路；为推动和促进城市防灾减灾工作提供了新的篇章。

叶耀先

2017年07月18日于北京百万庄住建部大院

目　录

图 1-1 1975 年唐山市区街道航拍照片
（图片来源：唐山市规划展览馆）

引言

Introduction

人类进化的本质是文化，以此区别于单纯的生物进化，而人类文化的重要表征，一个是语言文字，另一个便是城市。

城市作为人类文明的容器，其主要功能就是化力为形，化权能为文化，化朽物为活灵的艺术造型，化生物繁殖为社会创新。贮存文化、流传文化和改造文化，这大约就是城市的三个基本的使命。

——路易斯·芒福德[1]

城市在诞生之初便伴随着风险。人类文明与城市的发展历程中，或屡屡遭受自然灾害侵袭，或时而陷入人类自身造成的各类危机。从洪荒时期的大洪水，被火山岩浆吞噬的庞贝古城，到近现代世界战争以及几乎摧毁整个城市的日本关东大地震、唐山大地震，再到当代的美国911恐怖袭击、日本福岛海啸引发的核泄漏和2008年汶川地震，所有这些天灾人祸均给作为人类文明的容器——城市和其中的人们留下了难以磨灭的伤痛和记忆。

面对风险，一方面，在经历了两次世界大战后的今日，全球意识的观念已渐成共识，全人类作为一个相互联系、相互依存的整体，要共同关注与应对诸多问题，如地球变暖、臭氧层破坏、生物多样性消失、海洋污染、危险废弃物在全球范围内转移以及恐怖主义等。

另一方面，置身于不同程度的灾害风险之中的每个国家、每座城市，都在与灾害的长期对抗中探索、成长。联合国自20世纪80年代开始通过制定“国际减轻自然灾害十年”与设立“国际减灾日”等举措来倡导全球城市提高防灾意识，最大限度地减少自然灾害带来的风险。

“筑城以卫君，造郭以守民”，城市出现的本意是为了保护居民的人身和财产安全，但随着城市化水平的不断提高，城市遭受自然及人为灾害的形势日益严峻，城市安全问题突出。始于“国际减轻自然灾害十年”活动，我国开始从

[1] 路易斯·芒福德(Lewis Mumford，1895–1990)，美国著名城市规划理论家、历史学家。

城市层面上关注灾害。从 1998 年国务院批准的《中国减灾规划》到 2005 年由中国国际减灾委员会更名为国家减灾委员会，负责制定国家减灾工作方针政策，协调开展重大减灾活动；到国家综合减灾“十一五”、“十二五”的提出，明确了我国中长期综合减灾战略目标；再到 2009 年中国政府发布首个关于防灾减灾工作的白皮书《中国的减灾行动》；无不体现了我国对于防灾减灾工作越来越重视，相关政策和法律保障制度也在逐步完善 。

而唐山，这座中国近代工业的摇篮城市，在新中国防灾减灾史上有着独特的地位。发生于 1976 年的唐山大地震，正式拉开了这个古老又年轻的国家防灾

图 1-2 唐山老火车站——效果图
（图片来源：唐山市规划展览馆）

减灾工作的序幕。作为灾难的补偿，唐山积累了宝贵的实践经验，开创了国内抗震防灾领域的先河，进而形成了应对灾害的城市财富。随着唐山的快速发展，其面临的灾害风险日趋多样化，在震后重建40周年之际，我们回顾与总结历史，展望并着手打造一座安全的韧性城市。

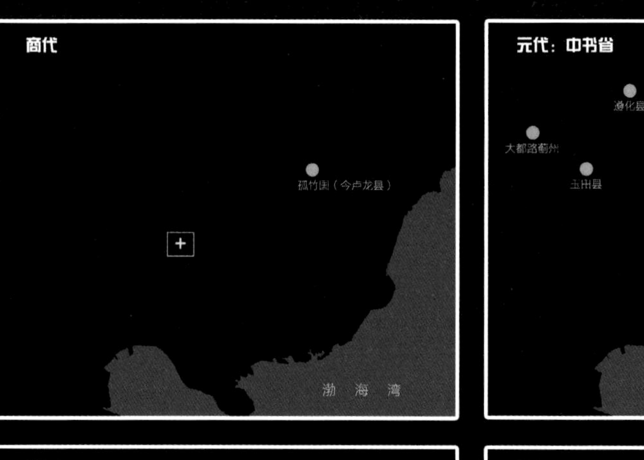
商代
孤竹国（今卢龙县）
渤　海　湾

元代：中书省
遵化县
大都路蓟州
迁安县
玉田县
闰州
卢龙县
抚宁县
永平路滦州
渤　海　湾

战国
燕国（今蓟县）
渤　海　湾

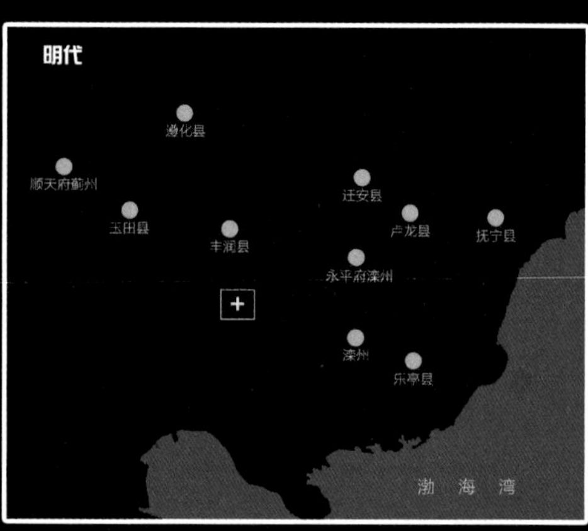
明代
遵化县
顺天府蓟州
迁安县
玉田县
丰润县
卢龙县
抚宁县
永平府滦州
滦州
乐亭县
渤　海　湾

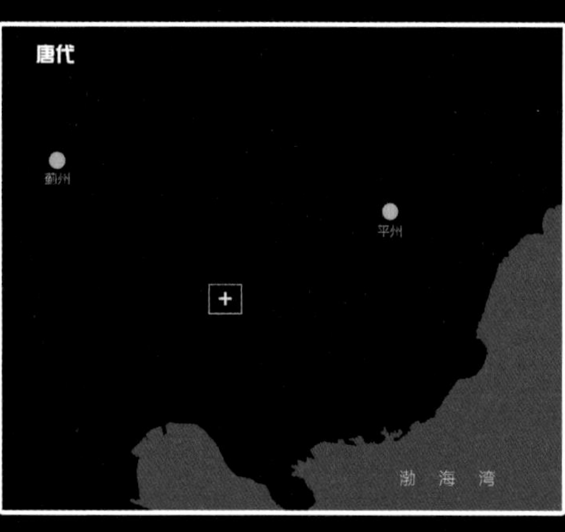
唐代
蓟州
平州
渤　海　湾

清代：直隶省
遵化县
蓟县
迁安县
玉田县
卢龙县
抚宁县
丰润县
直隶省永平府
开滦矿务局
滦州
乐亭县
宁河县
渤　海　湾

现唐山中心城区位置 +

震前

Pre-earthquake

一、聚居地演变 灾害风险伴生

从单纯的地理学空间角度看，今天唐山市域范围内，自秦汉时代起便有了明确的建制州郡。这类封建时期的行政单元是中国古代文化中的城郭或城池，并非现代意义上的城市。由于位置相对偏远，其多为小规模、零散的、带有军事或行政管制色彩的封建据点。其规划布局受《周礼·考工记》中倡导的礼制形式的影响，对于灾害方面的考虑，则一直停留在古老的“相土规划”层面上，即在最初的选址相地阶段选择优良的位置以避让洪水等灾害。城墙与护城河表明外敌入侵是该类城郭的首要安全隐患。城墙外围是古代军屯制度下退伍军卒与原聚落住民对自然荒野的乡村式开垦，散落的农户于朴素自然中劳作生息。伴随着当地人口和外来移民的逐渐聚集、世代繁衍生息，人类活动区的范围缓慢地扩张。

经历朝代更迭与沉淀后，境内郡县由少增多，最终得以固定并保留至今，如现在的玉田、遵化、丰润、迁安、滦县等（图 2-1）。这是生产力水平提高的推动作用，期间由新石器时代的彩陶文化到青铜文化及至黑铁文化，人们对自然界的影响能力在逐步加强。

朝代更迭与沉淀后的封建格局是唐山这座城市诞生的最初地理空间背景，而清政府创办的开平矿务局是其生长的胚胎。伴随着人类活动区的聚集，该地区的灾害风险水平也在持续上升，危险的区域终将被人类活动覆盖。

通常而言，灾害风险是指灾害过程对人类生命财产可能带来的破坏，灾害本身作为一种自然过程只有发生在人类活动区时，才存在风险。尽管截至明清时期各郡县的建设对自然界的干涉仍然是轻微的，然而整体发展进程不乏战乱滋扰甚至严重破坏，旱灾饥荒以及疫病也时有发生。总体上看，市域空间范围内的风险水平随着聚居地的演变与人口的增加在逐渐上升，这一缓慢的演变过程被清朝末年的洋务运动急剧地加速了。

作为清末洋务运动的积极参加者，杰出的民族实业创办者，唐廷枢（图2-2）受直隶总督李鸿章的委派，历尽艰辛，筚路蓝缕，在动荡的年代成功筹办了开平矿务局。一座新的城市因此诞生，唐山地区的灾害格局亦随之改变。

二、因矿兴城

世界大环境与技术的变革，加之两次鸦片战争的失败，促成了清末洋务运动的发生。该运动是19世纪60～90年代洋务派所进行的一场引进西方军事装备、机器生产和科学技术以维护封建统治的“自强”、“求富”运动。

图2-2 唐廷枢(1832－1892年)，清代洋务运动代表人物之一，开平矿务局创办人，对创办近代民族实业，推动民族经济发展，有过重要的贡献
(图片来源：唐山市规划展览馆)

作为洋务运动主要发起者之一，身为清政府直隶总督的李鸿章，其时得知滦州开平镇一带蕴藏着丰厚的煤炭资源，加之邻近北京城的独特区位优势后，勘定于此处筹办近代大型煤矿。

时任上海轮船招商局总办唐廷枢奉命接办此事后，偕西方矿师亲身勘察矿脉，凭借多年兴办工业企业的经验，苦心经营、不遗余力，几经波折，最终在当时灾难深重、疮痍满目的华夏大地，成功创立了一座具有强大影响力的近代民族矿业企业。1878年，开平矿务局在开平镇正式开局,1881年,开平煤矿正式出煤,1887年建成林西矿。开平煤矿的建成，使我国的煤矿开采在凿井、开拓、掘进、通风等方面,形成了比较完整的工艺系统，在提升、排水、通风关键环节上实现了机器生产，并在一定程度上扩大了开采的深度和广度，提高了劳动生产率，促进了唐山近代工业时代的到来[1]。

开平煤矿作为中国近代首先采用西法开采的近代化矿山之一，其在李鸿章

[1] 闫永增．开平矿务局与唐山近代工业体系的初步形成 [J]. 经济论坛，2003(22):96.

图 2-3 始建于 1878 年的开平矿务局
（图片来源：《唐山百年》）

的庇护和总办唐廷枢的悉心经营下，“著著进步，出矿之额岁有增加”[1]。随着廉价煤的供应和便利的交通条件，一批近代化大工业也相继兴起。如 1878 年矿山筹建时开平矿即建砖窑烧砖自用；1880 年为修理运煤机具及铁路机车即在胥各庄设立修车厂；为使开采的各种煤都能得到充分利用，在 1881 年开始出煤时就在矿内设立炼焦炉生产焦炭；1889 年为适应国内军事工程和铁路建设的需要建成细绵土厂（即后来的启新洋灰公司）等[2]。一批大工业的创立和兴起使得唐山地区被卷入到举步维艰的民族工业化进程之中，古老的城市格局继而被重构。

1878 年宣告正式成立的开平矿务局，为这一地区植入了全新的城市胚胎，其打破了唐山古老封闭的格局，为这里带来了近代工业文明。尽管很长一段时期内都没有明确的行政建制，但这一地区已经逐步由一座煤矿企业向一座近现代城市转变，这里相继诞生了中国历史上的“七个第一”，被誉为“中国近代工业的摇篮”：第一座机械化采煤矿井——开滦煤矿，最先引进新式机械采煤，带来了中国采煤业生产方式的重大变革；第一条标准轨距铁路——唐胥铁路，后演变为京山铁路，起自唐山，止于胥各庄，全长 9.7 公里，结束了中国没有铁

[1] 顾琅．中国十大矿厂记（第 7 篇，开滦矿务总局）[M]. 上海：商务印书馆，1916.

[2] 冯云琴．开平煤矿与唐山城市的崛起 [J]. 河北师范大学学报（哲学社会科学版），2006，29(5):125-130.

图 2-4 第一座机械化采煤矿井——开滦煤矿
（图片来源：唐山市规划展览馆）

图 2-5 第一条标准轨距铁路——唐胥铁路
（图片来源：唐山市规划展览馆）

图 2-6 第一台蒸汽机车——龙号机车
（图片来源：唐山市规划展览馆）

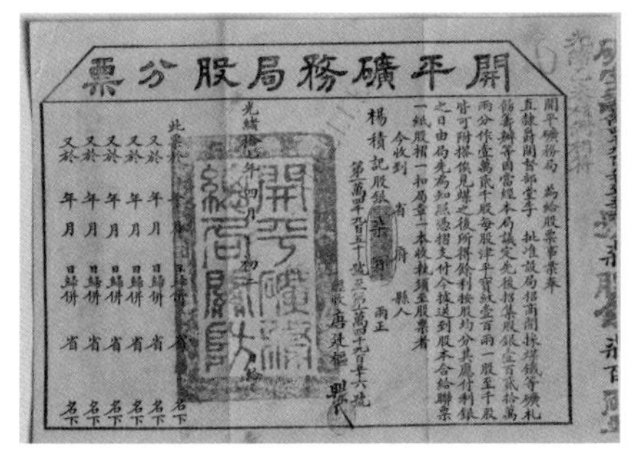

開平礦務局股分票

图 2-7 中国第一张股票——开平矿务局股票
（图片来源：唐山市规划展览馆）

图 2-8 唐山细棉土厂——第一桶机制水泥诞生于此厂
（图片来源：唐山市规划展览馆）

图 2-9 中国第一件卫生瓷
（图片来源：唐山市规划展览馆）

图 2-10 第一位中国人担任的大学教授——罗忠忱
（图片来源：唐山市规划展览馆）

路的历史；第一台蒸汽机车——龙号机车，1881 年由唐胥铁路修理厂（中国北车集团唐山机车车辆厂的前身）制造出中国第一台牵引力 100 余吨的蒸汽机车，车头上镶嵌了两条飞龙，因此得名“龙号”机车；第一张股票——开平矿务局股票，1876 年，清直隶总督李鸿章派唐廷枢筹办开平矿务局，拟定官督商办章程，召集商股，1881 年开平矿务局发行股票，是我国最早发行的股票；第一桶机制水泥，由开平矿务局首任总办唐廷枢于 1889 年创办的唐山细棉土厂（1906 年定名为启新洋灰股份有限公司）采用立窑生产出中国第一桶机制水泥；第一件卫生瓷，1914 年，启新洋灰公司投资兴建启新磁（“瓷”的旧称）厂，用原有的电力和水泥厂弃置不用的原料加工机械设备和化验设备，利用煤烧倒焰窑生产出中国第一件卫生陶瓷；第一位中国人担任的大学教授——罗忠忱（1880 年 11 月 16 日—1972 年 1 月 8 日），工程教育家，留美归国后，1912 年 8 月到唐山铁路学校（西南交通大学前身）任教务长兼土木工程教授。罗忠忱先生不仅是唐山交大教授中的第一个中国人，也是中国高等教育史上的第一位中国人教授[1]。

水泥和卫生陶瓷的出现，标志着作为城市建设主要材料的水泥实现了第一次本土化生产。早期近代工业和交通运输业的积累推动了唐山城市肇兴，围绕煤矿等工业区形成了早期城市格局，城市功能开始出现。

主要街道骨架初步构建。随着煤矿的建立，商业店铺的增多，矿区与村落逐渐连成一片，形成了唐山早期的几条主要街道[2]。以开平矿务局局址为中心形成的东局子街，便于矿工购粮的粮市街，由于唐胥铁路和唐山火车站的修建而形成

图 2-11 1948 年的便宜街
（图片来源《唐山百年》）

[1] “七个第一”文字来源：唐山市规划展览馆.

[2] 郝飞 . 开平矿务局与近代唐山的兴起 [J]. 唐山学院学报，2007，20（5）：8-12.

的新立街、便宜街以及最初雇用的广东籍和山东籍工人聚居在一起，形成的广东街和山东街等早期街道，初步构建了老唐山的主要道路骨架。

居住区渐成规模。随着外籍员工的进入，为解决外籍矿师们的居住问题，在广东街至凤凰山一带开始出现一批优质钢砖洋房别墅区。据史料记载，开滦最早的洋房子建于1879年，与唐山矿凿井同步，随着煤矿生产的不断扩大，洋房子也逐年增加，样式五花八门，有“安得司”式、“卡里特”式、“都尔”式等，布局上为一户一院，自成系统。作为特权人物的一种象征，洋房子别墅区形成老唐山的一道独特风景。与充满异域风情的洋房建筑截然不同的是本土工人成片简陋的工棚住宅区，以传统砖木结构平房为主，围绕开滦矿井和唐胥铁路两侧大量建设，形成居住与工业混杂的布局情况，其时人口密度过大，配套设施不足，卫生较差，存在严重的安全隐患。洋房子和工棚住区渐成规模，是早期唐山城市空间格局的雏形，为唐山的进一步发展奠定了物质基础。

图2-12 20世纪30年代开滦高级员司住的洋房
（图片来源《唐山城市记忆》）

图2-13 新中国成立前京奉铁路唐山制造厂工人居住的“印度房”
（图片来源：《唐山百年》）

商业服务业日益繁荣。铁路的修建、煤运河的开通，沟通了唐山与外界的联络，使得本地工农业产品的外运和外地商品的运进变得更加方便，唐山成为各地货物的中转站和商品集散地，市场辐射力得到极大加强，商品交易的广度和深度都有所扩展。工矿交通事业的发展和人口的增加，极大地刺激了商业的发展，京山铁路以南的小山地区自发形成了媲美北京大栅栏的商业区，使得唐山成为当时冀东著名的商业中心，是近代唐山商业发展的里程碑。

文化娱乐开始兴起。为丰富职工的业余生活，一些文化娱乐设施相继出现，围绕洋房别墅建设的网球场、跑马场，以及西山口俱乐部、唐山矿工友俱乐部等，各俱乐部内设图书阅览、话剧、戏曲、电影、皮影、球类运动、游泳、滑冰等多种项目，推动了唐山文化娱乐业的发展，城市文化和市民文化开始形成。

图 2-14 20 世纪 20 年代的唐山马场圈
（图片来源：唐山市规划展览馆）

教育事业稳步发展。随着经济的发展和繁荣，中小学教育、高等教育和专门技术教育等方面均有所发展。至 1935 年初，开滦在其所辖矿区开办的中小学已达 16 所，学生人数 3255 人[1]，著名的中小学有开滦淑德女子小学、西北井开滦初级小学、开滦初级中学等。随着开平矿务局的成立及铁路的修筑，以培养路矿人才为目的而创办的唐山路矿学堂，即今西南交通大学的前身，被称为“东方康乃尔”[2]，是近代唐山唯一的高等学府，也是我国最早的理工类高等学府之一。专门技术

图 2-15 交通大学唐山学校是中国最早创建的铁路高等学府，1896 年原建于山海关，1906 年迁至唐山。图为 20 世纪 30 年代的交通大学唐山学校校门
（图片来源《唐山百年》）

[1] 河北省政协文史资料委员会 . 河北文史集萃：教育卷 [G]. 石家庄：河北人民出版社，1991.

[2] 河北省政协文史资料委员会 . 河北文史集萃：教育卷 [G]. 石家庄：河北人民出版社，1991.

教育方面主要体现在各种工程技术学校的创办：1881 年唐廷枢专门从美国俄亥俄州聘请教师，开办采煤和煤质化验学校；1910 年开办测绘学堂，开设国文、英文、算学、绘图等教学内容；1936 年创办开滦工务员训练所，培养煤矿管理人员[1]。高等院校和工程技术专业学校的创办和发展为唐山乃至全国培育了一批高素质的铁路、矿业和工程技术等方面的人才，推动了唐山近代工矿业和铁路事业的发展，也为唐山近代城市的兴起奠定了教育基础。

医疗卫生体系初步形成。随着采煤业的扩大和人员的增多，矿务局从英国聘用西医在广东街建立了唐山第一个西医诊疗所，1899 年又建设了唐山第一个医院——“华人医院”。后各个医院、诊疗所，经过多次拆改、扩建和新建，添置更新医疗设备，充实新的医务人员和建立各项医疗规章制度，医务工作走向正规。至 20 世纪 30 年代初，开滦各医院已拥有不同等级的病床 330 多张，设施、规模相当可观。其所属医院主要有：开滦总医院、唐山高级员司医院、马家沟矿分医院等。这些医院在一定程度上解决了开滦的职工、家属及其他市民的看病就医问题。可以说，开平矿务局为近代唐山的医疗卫生事业做出了重大贡献，开滦的企业医疗体系实际上初步形成了近代唐山的城市医疗格局。

图 2-16 老开滦医院，1892 年开平矿务局创办的唐山第一个西医诊疗所基础上发展起来，1912 年开滦联合后扩大更名为开滦医院，是唐山地区最早的医院（图片来源：《唐山百年》）

他们终日在炭坑里作工，面目都成漆黑的色。人世间的空气阳光，他们都不能十分享受。这个炭坑，仿佛是一座地狱。这些工人，仿佛是一群饿鬼。有时炭坑颓塌，他们不幸就活活压死，也是常有的事情。在唐山的地方，骡马的生活费，一日还要五角，万一劳动过度，死了一匹骡马，平均价值在百元上下；一个工人的工银，一日仅有二角，尚不用供给饮食，若是死了，资主所出的抚恤费，不过三四十元。这样看来，工人的生活，尚不如骡马的生活；工人的生命，尚不如骡马的生命了。

——李大钊

[1] 开滦（集团）有限责任公司档案馆 . 开滦史鉴文萃：下册 [B]. 唐山：开滦日报社印刷厂（内部资料），2003.

就这样，开平矿务局的创办和发展，把近代城市文明的曙光带进了唐山。随着工业、商业以及城市建设的快速发展，唐山由冀东一个“合村烟户只十八家”[1]的小村落变成华北仅次于天津的工商业城市，社会面貌焕然一新。始于开滦煤矿的工业化亦急剧地加快了本地城市化的进程，使得建成区规模持续扩大，人口持续增长与聚集。20 世纪 30 年代以后，唐山人口已经发展至百万以上（当时唐山无城市建制，只设立唐山警察局负责该建成区的管理工作）。

1938 年 1 月，在经历了几次设市无果后，日本控制下的伪冀东防共自治政府明令唐山设市，建立伪唐山市政府（1945 年日本投降后，被国民政府接收）。

城市在功能与行政上被确定后，其作为容器孕育着唐山独特的城市文化，这种本地文明在流淌着工人血泪的厂房、矿井，在演出着地方戏曲的小山商业街和工人俱乐部，在洋人别墅区和跑马场，在成片简陋的工棚住宅区、工业学校等场所被贮存、流传和改造，城市发挥着刘易斯·芒福德所提出的三个基本使命。这种使命推动着本地区由传统的农业文明向工业文明进行艰辛的转变。

正是由于城市本身的物质建设成果，与城市所承载的文明一起，其在面对

[1] 徐润．徐愚斋自叙年谱 [A]// 沈云龙．近代中国史料丛刊续编（第 50 辑，总 491）[C]．台北：文海出版，1978.

图 2-17 20 世纪 30 年代的唐山市中心区，当时已颇具工业城市格局
（图片来源：《唐山百年》）

自然灾害时存在风险。并且和世界上很多城市一样，这座因矿而兴的城市将与这种风险相伴而行，并在其城市发展史上留下印迹。

同时，唐山在城市发展过程中始终受到英国、日本等帝国主义的经济侵略，城市最初发展的基础——开平煤矿以及相关的洋灰厂、唐胥铁路和沿海专用码头等甚至一度被英国人骗占。全面的抗日战争胜利后，唐山已是千疮百孔，许多企业倒闭，生产一片凋零。尽管严格意义上不属于灾害，但是殖民侵略与战争却在唐山成立之初就深刻地影响着这座城市，华北工业重镇和京东商业大埠的辉煌背后是苦难与屈辱。

三、历史上的灾害

在城区尚未形成之前，唐山仅仅是一座被唐太宗李世民东征时命名的荒山，海拔 122 米。历史上该地区水灾、旱灾、地震等灾害频发，对经济和社会均产生了不利影响。回顾历史，发生在 1976 年之前的主要灾害种类为地震、矿灾、气象灾害、海洋灾害以及环境污染等[1]。

[1] “历史上的灾害”一节中的大部分数据均摘自《唐山市志》.

1. 地震

唐山自古以来就是地震活动较为活跃的区域，清朝光绪五年成书的《永平府志》中记载了今唐山地区附近 140 余次地震。《中国地震目录》第二集分县地震目录中，则更精准地记载了唐山地区 252 次地震。截至 1976 年唐山 7.8 级大地震之前，先后发生过大于等于 4.75 级的破坏性地震有 15 次之多，其中 2 次 6 级以上地震集中在滦县附近。从城市形成直至新中国成立以后的 60 年代末，唐山地区的地震活动基本平静。1969 年以后地震活动开始增多：1969 年 7 月 18 日渤海海域发生 7.3 级地震，1970 年 5 月 25 日丰南县发生 4.8 级地震，毗邻地区有 1975 年 2 月 4 日辽宁省海城发生的 7.3 级地震，1976 年 4 月 6 日内蒙古和林格尔 6.3 级地震。

自矿产资源引发唐山地区格局重构开始，地震这一因素一直是被忽略的。城市的各种功能围绕矿井与工厂自发生长的同时，却很少关注场地环境的安全，史书上的震害记录也未被充分关注。这其中有科学水平与观念落后的原因，有地震活动处于平静期的原因，也有规划缺失的原因——既没有中国传统的相土规划，又缺少近现代城市规划选址时对于各种灾害风险因素的评估。直到 1976 年大地震的突然发生，唐山乃至全国的城市才真正意识到抗震防灾的重要。

2. 矿灾

相对于地震不容易且不经常被感知，矿难和生产事故却是唐山最初城市生活中的常态。在帝国主义与封建主义的双重压迫下，矿工的劳动条件恶劣，加之新中国成立前开滦煤矿一直没有专管安全的机构，所以安全事故频发。从开平矿务局与北洋滦州官矿合并至 1976 年唐山大地震之前，开滦煤矿重

图 2-18 开平矿务局在唐山建的广东义地，这里埋葬着广东籍矿工的尸骨
（图片来源：唐山市规划展览馆）

大安全事故已造成约 6157 人遇难，考虑到创办之初事故死亡人数并无记录，被矿难夺去的生命远不止这一数字。矿灾无疑是城市发展过程中持续伴生的灾害。本地区矿灾的成因主要有以下四种。

（1）矿井瓦斯。矿井瓦斯是矿井中主要由煤层气构成的以甲烷为主的有害气体，有时单独指甲烷（俗称沼气）。它是在煤的生成和煤的变质过程中伴生的气体。在煤矿采掘过程中从煤层、岩层、采空区中涌出，风量不足或无风时会在井下巷道顶部积聚。瓦斯达到一定浓度时能使人中毒，遇有电弧火花、锹镐碰击岩石火花、明火等则会引燃、爆炸，危及矿井和矿工生命安全。煤矿成立之初，仅仅依靠监工或“把头”手里的太平灯（酒灯）检查瓦斯，误差很大且无相应解决措施。1954 年，矿区开始引入光学瓦斯检定器、换风机等设备，并设置专职瓦斯检查员。由此，瓦斯引发的矿灾逐渐得到控制，事故伤亡人数大幅降低，截至 1968 年，全矿区已拥有光学瓦斯检定器 3665 台，彻底淘汰了过去的酒灯。

（2）煤尘。煤尘是指煤矿生产过程中悬浮在空气中直径小于 1 毫米的煤炭颗粒，在引爆热源的作用下，具有爆炸性。井下空气中煤尘与瓦斯同时存在使得两者的爆炸下限降低，更具有危险性。工人长期吸入煤尘会患尘肺病致死。唐山地区自建矿到 1951 年间，70 多年无煤尘防治设施。1952 年开始煤尘爆炸演示，进行煤尘检查、测定。1954 年赵各庄、林西、唐家庄三个矿在煤尘大的开采工作面进行洒水灭尘。1956 年实施综合防尘措施，即清洗冲刷巷道，设置静压喷水站，掘进工作面安设灭尘管路，配备高压灭尘水泵，防止煤尘爆炸。1959 年各矿建立防尘委员会，将防尘纳入安全作业规程。后续随着安全意识的提高与技术水平的进步，煤尘引发的灾害风险得以有效降低。

（3）矿井水。矿井涌水给凿井、掘进、采煤以及机电设备的管理带来一定的困难。矿井水的来源有地表水、冲积层水、采空区水、底板奥陶纪石灰岩水（简称“奥灰水”）等。唐山水文地质条件复杂，开滦各矿区都曾不同程度地受到奥灰水的威胁。整个开滦发展历史水患频发，造成人员伤亡、矿井淹没、生产停滞、巨额财产损失。其中发生在 1920 年 2 月和 1954 年 12 月的两次较为严重，最

图 2-19 老开滦医院病房，病人多为因矿难而入住的工人
（图片来源：唐山市规划展览馆）

大涌水量分别达到 6600 立方米 / 小时和 6000 立方米 / 小时。

新中国成立初期，开滦的探水设备只有几台效率很低的手摇钻，用于某些关键地区探构造和探水。其间的防水工作，仅仅是在每年雨季来临前进行一次填堵采空地表裂缝、疏通水沟等。这种局面一直持续到 1954 年 12 月的严重水灾。此后，在国家的指示与帮助下，矿区成立了地质测量处和测量科，专门负责地质与水文地质勘测工作。各矿区还配备了 50 米井下钻机和千米地面钻机探放水和探地质构造，以便在雨季之前，提前做好防汛工作，确保矿井安全。此后矿井水的防治工作逐步走向正轨。

（4）矿井火灾。从成因上讲，矿井火灾分为内因型火灾和外因型火灾两种，在开滦煤矿的历史上都曾发生过。新中国成立前开凿的 5 个矿井中，有 3 个矿井属于自燃发火矿井，分别为赵各庄矿、唐山矿、马家沟矿。自燃发火型矿井容易发生内因火灾，自燃发火周期一般为 10 ~ 12 个月。新中国成立后新建的范各庄、荆各庄、林南仓 3 个矿也属于自燃发火矿井，发火周期从 2 ~ 30 个月不等。

新中国成立前处理井下火区的方法主要是巷道封闭和局部灌浆，以隔离氧气灭火。1953年赵各庄矿利用灌浆机配合压力水,向采空区灌注黄土灭火。次年，赵各庄矿建立了开滦煤矿的第一个地面灌浆站，通过人工挖土、搅拌，经注浆管道向采空区进行静压注浆，消灭了以前开采后遗留的老火区，并对其他采空区进行预防性灌浆。至1956年，开滦煤矿已实施采矿与灌浆同步进行的方法预防火灾发生。后续通过不断研究创新，逐步改良方法与操作流程，1974年赵各庄矿开始利用开滦电厂废弃粉煤灰作为灌浆灭火防火材料，既节约了成本同时解决了粉煤灰占用农田的环境问题，开滦煤矿在矿务局实验室提供的科学研究支持下，实现了科学合理预防矿井火灾的目标，同时体现了科研机构对于防灾减灾工作的重要意义。

图2-20 1958年9月1日刘少奇、周恩来视察开滦唐家庄矿
（图片来源：《唐山百年》）

3. 气象灾害

历史上唐山地区的气象灾害以水旱灾害居首位，其次为冰雹、风灾等。严重的气象灾害引发如农田毁坏、农业减产、饥荒、民宅倒塌、社会动乱等问题。与农村地区受各类气象灾害影响不同，城市主要受水灾的侵扰。

唐山境内共有大小河流约70条，分属于滦河、蓟运河水系和冀东沿海河流。由《永平府志》中记载的永平府（驻地为今卢龙县）辖区内的河道图（图2–21）可知，唐山地区河道密集，水患频发。城市尚未形成前，各县分别记录辖区内的灾害情况，关于水灾的记载最早始于1269年。据有文字记载的较大水灾，1269 ~ 1839年571年间发生水灾114次，平均5年发生一次。1840 ~ 1948

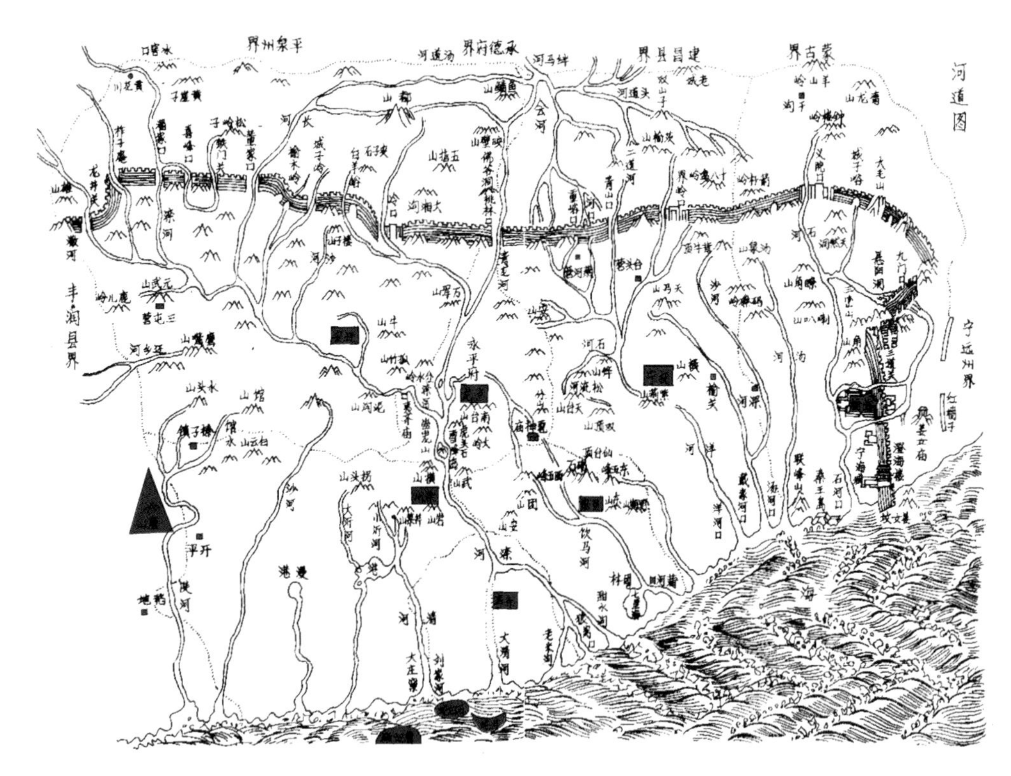

图 2-21 清代永平府河道图，今唐山市域部分地区曾隶属于永平府，如滦县、乐亭县、迁安市等
（图片来源：根据《永平府志》绘制）

年 109 年间发生水灾 37 次，平均 2.9 年发生一次。新中国成立后 1949 ~ 1976 年 28 年间发生水灾 7 次，平均 4 年发生一次。表 2-1 摘录了其中典型的几次。

新中国成立以前因缺少成体系的蓄水、排水设施，每遇大水，无论村庄田野，还是郡县驻城经常沥涝成灾，禾稼淹没。水灾的危害性在进入 19 世纪下半叶后（清朝中晚期及民国时期）最为严重。国家动荡，战火纷乱，政府无暇应对灾害，严重时屋宇倾塌，饥民外迁流亡，留守者富者立贫，贫者待毙。唐山这座工业城市在此背景下形成，同样频遭水灾，离新中国成立最近的一次发生在 1949 年 7 月 24 日至 8 月 15 日，全市普降大雨，山洪暴发，各河洪水猛涨。市区范围内陡河段漫溢成灾，沿河厂矿损失惨重，工厂停工数月，全市停电，铁路停运。城市自发生长，缺乏合理规划布局的弊端在一次次水灾面前再次凸显。

新中国成立以后，充分利用水资源，从根源上防治水患，通过在市域范围内组织修筑堤防、水库，开挖干渠，在低洼区域建造排灌扬水站等措施，使重大洪涝灾害基本得到控制。1956 年在陡河上游建成的唐山第一座水库——陡河

1840—1975 年唐山辖区水灾情况简表　　表 2-1

年代	灾情	资料来源
清代（1840年）	“玉田大水，滦县夏六月滦河溢，秋七月雨不止，迁安六月大水入城，秋七月又大水。乐亭夏滦河溢，田稼多损。”	《旱涝史料》
清代（1845年）	“春大旱，夏四月海啸上溢二十余里，渔舍尽没，六月雨连旬，屋宇倾圮无算，滦河大溢，乐亭城西旧河复发，沿海禾稼尽淹。岁大饥，民多乘船流亡关外。迁安县西山下地陷。”	《永平府志》
清代（1867年）	“滦县春旱至六月十八日雨始，秋七月滦河溢，乐亭自前岁八月至五月多风少雨，二麦不登，七月滦河溢。城外水深丈。玉田春旱秋涝。丰润白官屯溃堤四十余丈，无力修，稍为补培。迁安秋七月大水入城伤稼，建昌营西关沙河水溢淹没庐舍无数。	
清代（1883年）	“遵化、玉田、迁安、滦县、乐亭发生洪涝。玉田六月大水，西南两乡秋禾尽失。丰润麦种尚稔。六月大雨，山洪暴发。迁安六月滦水溢，平地水深丈余，冲击田庐无数。滦县秋七月大水平地深七八尺及丈余不等，濒河田庐，漂没殆尽。”	《档案史料》 《旱涝史料》
清代（1886年）	“玉田、迁安、丰润、滦县、乐亭发生洪涝。玉田、丰润被水灾且重。迁安夏滦水涨溢伤禾，滦县七月二十一日滦河溢，较九年更甚，奔涛入城曲巷皆舟楫。”	《档案史料》 《旱涝史料》
清代（1896年）	“玉田、丰润四月初大雨如注，河水暴涨，麦田被淹，成灾五至十分，欠收四分。迁安春大饥，道殣相望。滦县春饥，民食草根，树皮俱尽。”	《旱涝史料》
民国（1924年）	“七八月份华北地区遭三次暴雨袭击。迁安秋七月初一滦水涨发灌城。旧历六月十七日玉田县西水横流，直达还乡河，堤埝平漫，沿河各村尽成泽国，田禾被淹。”	《旱涝史料》 《天津益世报》
民国（1931年）	“丰润禾稼旱，后潦。迁安县旱，两月未雨，六月建昌营、沙河及青龙河水暴涨，淹没田庐无数，水灾之重近60年来未见。”	《旱涝史料》
民国（1949年）	“7月24日至8月15日全市普降大雨，山洪暴发，各河洪水猛涨。8月8日唐山市区陡河漫溢成灾，沿河厂矿损失惨重。7月31日蓟运河下游大堤溃决39处。全市淹村3,492个，淹地635.64万亩，受灾39.93万户、239.26万人，倒塌房屋20.32万间。”	《唐山市志》
新中国（1962年）	“7月26日滦河汀流河以下绝口、扒口10处。27日滦县老车站附近、前窑东村、岩山以北绝口6处。沙河堤普遍漫溢，洪水漫注草泊水库，被迫扒堤废库。还乡河决口，玉田县城关一度被洪水围困。滦河护岸丁坝被毁。全市共淹地419.73万亩。”	《唐山市志》
新中国（1975年）	“汛期受灾面积132.99万亩，成灾107.47万亩，绝收15.53万亩；倒塌房屋28,853间，圈棚39,336间；冲毁闸涵14座，桥梁228座，护岸坝18处，机井315眼，塘坝13座；塌河冲毁耕地12.39万亩。”	《唐山市志》

（摘录自《唐山市志（1986 版）》）

水库，对于控制洪水、保卫唐山市区及下游村庄的安全发挥了重要作用。

4. 海洋灾害

历史上唐山沿海地区并未出现城镇类型聚居地，主要以乡村形态为主。自1993年6月起，以建立海港经济开发区为起点，开始稳步实施向海拓展的战略方针，因此有必要对唐山历史上的海洋灾害进行阐述。

唐山海区东起滦河入海口，西至涧河口西侧，地处渤海湾北部。整个海区由潮上带、潮间带、浅海、岛屿四部分组成。整个海区拥有334.8公里长海岸线。历史上唐山海区的灾害主要为海啸、海蚀与海冰。

唐山辖区海洋灾害简表 表2-2

	年代	灾情
海啸	明代（1634年）	海啸，漂没沿海居民无数。
	清代（1737年）	海啸，沿海田庐禾稼尽淹。
	清代（1845年）	春大旱，夏四月海啸上溢20余里，渔舍尽没、灶滩皆毁。
	清代（1848年）	丰润沿海雨潦海溢，越支、济民盐场被水月余。
	民国（1923年）	大雨，海水上溢20余里。
	民国（1938年）	海啸，北堡最高潮位达5.83米，潮水上溯至尖子沽村一带，造成土壤盐渍化。
	民国（1949年）	渤海台风引发海啸，海区潮位达3.6米，大清河盐场结晶池水深1.5米，“全滩一片汪洋，滩地坨盐损失殆尽，滩房工具随波逐流，二档及滩内及滩内钩壕全无痕迹，大挡尚余半数，风车架子犹存。”
	新中国（1972年）	海啸，唐山沿海受潮水袭困，损失木船255只，死亡3人。
	新中国（1985年）	受台风影响，丰南、唐海、滦南、乐亭4县沿海遭海啸袭击，灾害自西向东逐渐减轻，其中以南堡一带最重，丰南、滦南两县海挡外近千亩精养虾池和700亩养鱼池被淹，并冲决1800米海坝，直接经济损失达50万元。
海冰	民国（1936年）	2-3月渤海冰封，唐山海区沿岸冰厚一般在60厘米左右，最厚约100厘米，冰的堆积现象严重，各河口船只往来隔绝。
	新中国（1969年）	1-3月间，唐山海区冰封长达2个多月，海冰厚度一般50-70厘米，最厚120厘米，至渔港冰封，航线堵塞。

（摘录自《唐山市志（1986版）》）

海啸，又称为“风暴潮”，是恶劣气象条件引发，短时间内潮位异常升降变化。唐山海区海啸常发生在每年的7～8月份，常伴有雷雨大风。对海区范围内的居民点及人们活动造成影响。

海蚀，为海水对海岸线陆地的侵蚀所形成的一种作用。由于唐山海岸属淤泥型区段，海区地貌和生态环境更容易受海蚀影响，尤以滦河口至大清河口最为严重。由于上游修建水库、滦河河道改造等原因，滦河口诸多沙坝无泥沙来源而侵蚀加剧，造成近海岛屿面积缩小，如石臼坨、月坨、曹妃甸三岛。唐朝初期方圆 40 余里的大岛，20 世纪早期仍有人居住，到 70 年代末时，大部分已被水淹没。由于海蚀对岸滩的破坏（同时受海平面上升影响），唐山海区的海岸线不断向陆域北移，历史上修建的海防炮台、海挡、闸门，甚至村庄街道等均已被淹没或破坏。

海冰，历史上唐山沿海于 11 月下旬至 12 月初开始结冰，3 月初海冰消失，冰期 3 ~ 3.5 个月。曾造成航线堵塞、海上石油平台被破坏等事故。近年来随着全球变暖，海冰的灾害性逐渐减弱。

5. 环境污染

环境污染，是一种人为因素形成的灾害。作为一个传统的重工业城市，环境污染问题，尤其是大气污染是城市自形成之初便伴生的问题，随着工业种类的多样化与生产规模的扩大，逐渐发展成为对城市安全构成威胁的灾害。

图 2-22 启新水泥厂，对城市造成了一定的环境污染（图片来源：《唐山百年》）

煤矿及后来的细绵土厂（启新水泥厂前身）、制钢株式会社（唐山钢铁公司前身）、发电厂等大型企业相继建设成后，陡河两岸开始形成水泥、炼钢、发电粉尘污染区。

由于早期城市缺乏科学合理的规划布局，城市功能分区混乱，污染工业项目处在城市上风向和水源上游，很多住宅区临厂而建，小型企业、作坊甚至建于居民稠密区，严重影响广大居民的身心健康。1969 年冬天，唐山钢铁公司车间曾发生60多名职工一氧化碳中毒事件。1973年唐山焦化厂炼焦煤气扩散，导致临近的西窑第二小学443名师生全部中毒。工业废气废水的排放也对近郊农业生产造成不良影响，仅1971～1974年之间，唐山市区化工厂废气污染农作物2000余亩。废气还会引发酸雨等灾害。

煤炭、钢铁和电力的迅速发展，产生了大量工业废渣。据测算，唐山工业废渣年排放总量在700万吨以上，其中煤矸石约460万吨、煤粉灰约100万吨、钢渣约60万吨、其他工业废渣约100万吨。经过多年的生产，唐山市区积存了各种废渣2862万吨，占地2200余亩，形成多处废渣山、灰场等，严重污染附近土地与水体，甚至引发灾害。如1931年开滦矸子山发生内燃并爆炸，殃及附近民居，浓烟滚滚，数十日未熄灭。环境污染是唐山这个百年工业重镇在快速发展中所付出的高昂代价，时至今日，其面临的生态修复、环境治理等任务仍旧异常艰巨。

每个城市都有各自独特的灾害类型，相应也会形成各自的防灾应对措施。尽管随着时间的推移，灾害类型与承灾环境不断发生着变化，但简要回顾唐山1976年以前发生的灾害，仍然可基于历史的客观视角，对本地区的灾害综合管理模式进行探讨，预防、减缓和适应各类灾害给唐山所带来的威胁，以降低灾害风险和脆弱性，提高抵抗力。

四、1976年之前：一个世纪的积累

自1878年7月24日（清朝光绪四年六月二十五日），开平矿务局正式成立于今唐山开平镇，至1976年7月28日唐山发生里氏7.8级地震，这座城市经历了近一个世纪的风雨：帝国主义的殖民侵略与掠夺，抗日战争与解放战争的洗礼，百年的社会动荡与变革，举步维艰的民族工业化和社会主义新中国的建设，以及城市内部发生的大小事件……尽管伴随其中的还有持续不断的各类灾害侵扰，城市依然向前发展，虽偶尔停滞，但整体在进步、生长与积累。

然而突如其来的巨灾令一切毁灭殆尽，城市作为容器被打碎。但对积累的

回顾是必要的。这种积累既沉淀于城市建设物质形态的各个方面，也凝聚在城市科技与文化的每次进步之中。

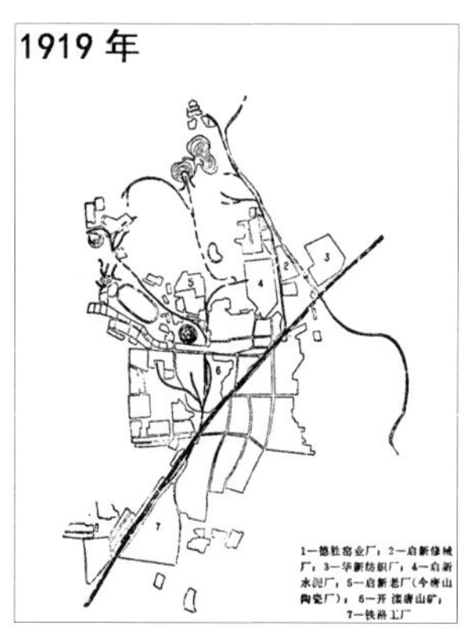

图 2-23 唐山市区发展图（1919 – 1937）（图片来源：唐山市规划展览馆）

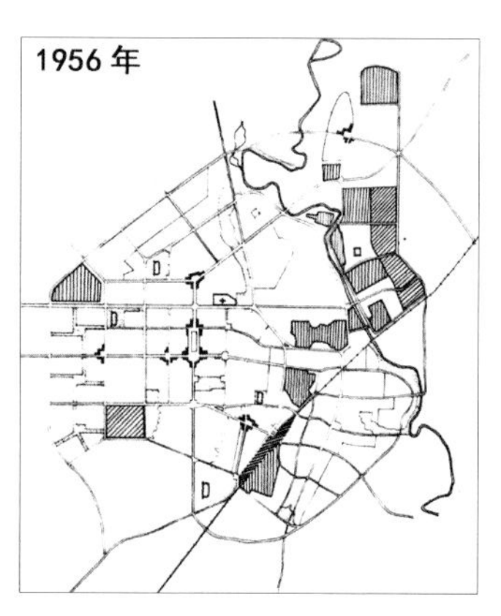

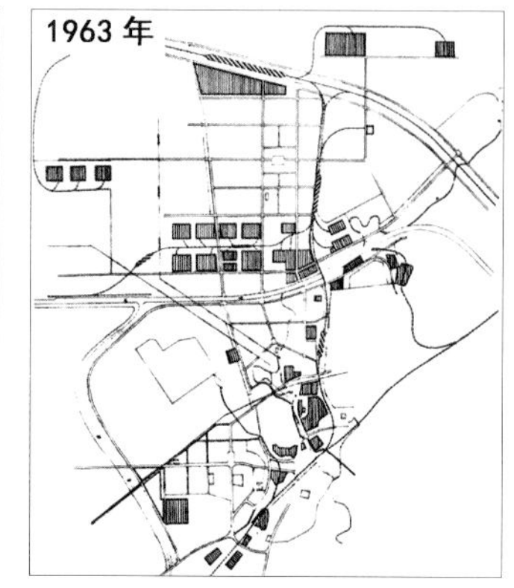

图 2-24 震前编制且对唐山城市建设形成一定程度指导的规划总平面图（1956 年《唐山市规划总图初步设计》，1963 年《唐山市市区城市规划几个问题修改意见的草案》）（图片来源：唐山市规划展览馆）

1．城市建设方面

城市早期因矿而兴、自发生长，周边诸县镇工商各业逐步向市区汇聚，形成乔屯街、粮食街、广东街等主要繁华街道，及至新中国成立前发展形成以小山“大世界”为中心的商业区。但整体上街巷狭窄，商号拥挤，设施配套匮乏，建筑形体简陋。相比之下，围绕西山路开滦矿务局一带建成的一批较高品质、经过正规设计的西式建筑，包括住宅、办公楼、学校、文化建筑以及工业建筑。这批建筑与本地文化结合后，形成了一种独特的建筑风格：与上海、天津等城市的租界区不同，其受当时西方建筑风格中主流的欧式古典主义、折中主义等建筑风格影响并不深刻，反而呈现得更加质朴与简化，带有向现代主义过渡的倾向。本土与外来的建筑风貌形成强烈反差，构成了新中国成立前唐山颇具殖民色彩的城区景象，真实地反映了这座城市的风土人情。

随后，兴建以双凤山（现凤凰山）为中心的劳动公园，改造开滦公墓为人民公园，修筑扩展原有路网，同时兴建诸多如自来水厂、汽车站、剧场、苗圃、图书馆等市政基础设施与公共服务设施建筑，城市建设呈现一派欣欣向荣的景

图 2-25 1937 年建成的开滦唐山矿区大楼
（图片来源：《唐山百年》）

图 2-26 位于解放路上的荣华顺商店，是新中国成立前唐山百货行业较大商店
（图片来源：唐山市规划展览馆）

图 2-27 粮市街周边居民区（1975 年）
（图片来源：唐山市规划展览馆）

图 2-28 西山区洋房子（1975 年）
（图片来源：唐山市规划展览馆）

图 2-29 建成投产的华新纺织有限公司唐山工厂（1922 年）
（图片来源：《唐山百年》）

图 2-30 开滦矿区自发形成的矿山文工团
（图片来源：唐山市规划展览馆）

象。后经过 3 个五年计划，城市基础设施、市政工程、公用事业持续发展，到 1975 年唐山已成为以煤炭、钢铁、电力、陶瓷、建材等工业为主，门类齐全的重工业城市。这期间各级政府用于唐山工业部门建设资金达到 20.48 亿元，修建厂房累计 133.3 万平方米。唐山因此积累了雄厚的工业基础，持续为新中国的工业化做出了杰出贡献。

本地居住建筑在新中国成立前一直数量紧缺且布局混乱，从西式洋房、传统北方坡顶平房到棚户房都已各自初成规模。新中国成立后，人民政府首先投资 260 亿元（旧币）在增盛里、新立庄、古冶等地兴建住 1.51 万间，总建筑面积 17.7 万平方米。1949 ~ 1975 年年间，政府在改造早期简易住房的同时积极

图 2-31 工人文化宫露天剧场（1976 年）
（资料来源：《唐山城市记忆》）

建造新房，市区共建成住宅207.7万平方米。但受困于当时经济技术发展水平，仍以传统结构的平房居多，同时为了尽快解决居民住房问题，大量运用了预制板等建材和构件，以加快建设进程。震后证明，地震时墙体受到力的作用，随地面左右晃动，预制板由于惯性保持原来的静止状态，当墙体与预制板分离时，预制板在空中受重力作用而下降，导致房屋垮塌，故其抗震能力差，危害程度高，在以后的城市建设中应引以为戒。

震前完成的各类公共建筑中，商业建筑总面积达到33.94万平方米，其中尤以小山地区最为繁华。文化建筑中大型电影院3个，文化宫2个，剧场5个，厂矿俱乐部18个；教育机构由新中国成立初1所大学、1所中等专业学校、7所普通中学和215所小学，逐步投资兴建发展为各类学校424所。当然这其中最负盛名的便是被称为“东方康乃尔”的唐山路矿学堂（唐山交通大学），它是中国教育历史最悠久的高等学府之一，1896年创立于秦皇岛山海关，1905年迁址唐山重建，先后培养出57名国内外著名院士，对我国土木工程、交通工程、矿冶工程等学科高等教育做出了开创性贡献而享誉中外。

2. 城市文化方面

工业化让本地区生产力水平逐步提高，推进唐山地区由传统的农业文明向工业文明过渡。开滦煤矿等企业引入大批的国内外工程技术人员，在带来新技术的同时也带来新的生活方式与文化，基层的工人汇聚于城市后也逐渐形成了坚韧爽朗的矿工文化。

图2-32 小山晨曦图
（图片来源：唐山市规划展览馆）

经济发展带动了城市文化活动的繁荣。当时的小山地区是与北京的“大栅栏”、天津的“劝业场”齐名的商业区。商贩、艺人不断汇聚于此，各种茶馆、戏院、书馆等上演着戏剧、大鼓、皮影戏、评书等文艺活动。其中小山地区的唐山电影院，原为永盛戏院，演出过京剧、河北梆子、评剧、皮影、曲艺、魔术和话剧，对评剧的传承、创新与繁荣，起到了开创性作用，曾有“评剧摇篮”之谓。后被中共唐山市委接收，易名为新华电影院。其他著名的戏院如天乐戏院，是评剧的大本营，不少评剧名角儿都在此登台演出，或从这里走向全国，红在外埠。其中早期有李金顺、刘翠霞、爱莲君、白玉霜……后有花淑兰、韩少云……

可以说小山地区培育了享誉全国的“冀东三支花”即皮影、乐亭大鼓、评剧，造就过几代艺术人才，凝聚了唐山的城市文化，由此也将震前城市商业文化中心牢牢定格于此，每日晨起时分，小商小贩的吆喝叫卖声，抑扬顿挫的说书之声，清脆悠扬的丝竹之声以及曲调婉转的评剧之声不绝于耳；五光十色、琳琅满目的商品百货；熙熙攘攘、热闹喧哗的街道车马辚辚，人流如织，犹如一幅色彩斑斓的丰富画卷，其繁华程度达到了百年唐山发展历程中的顶峰。不幸的是，小山地区却是后来大地震受损最为严重的地区之一。

如果没有地震的破坏，前文所描述的建筑、文化等等可能都会相对完整地保存下来。但一座对灾害不设防的城市终归是易碎的，不能长久持续存在和发展。一场地震瞬间将这座城市一个世纪的积累毁灭，这种惋惜应该转化为唐山今后建设安全城市的动力。

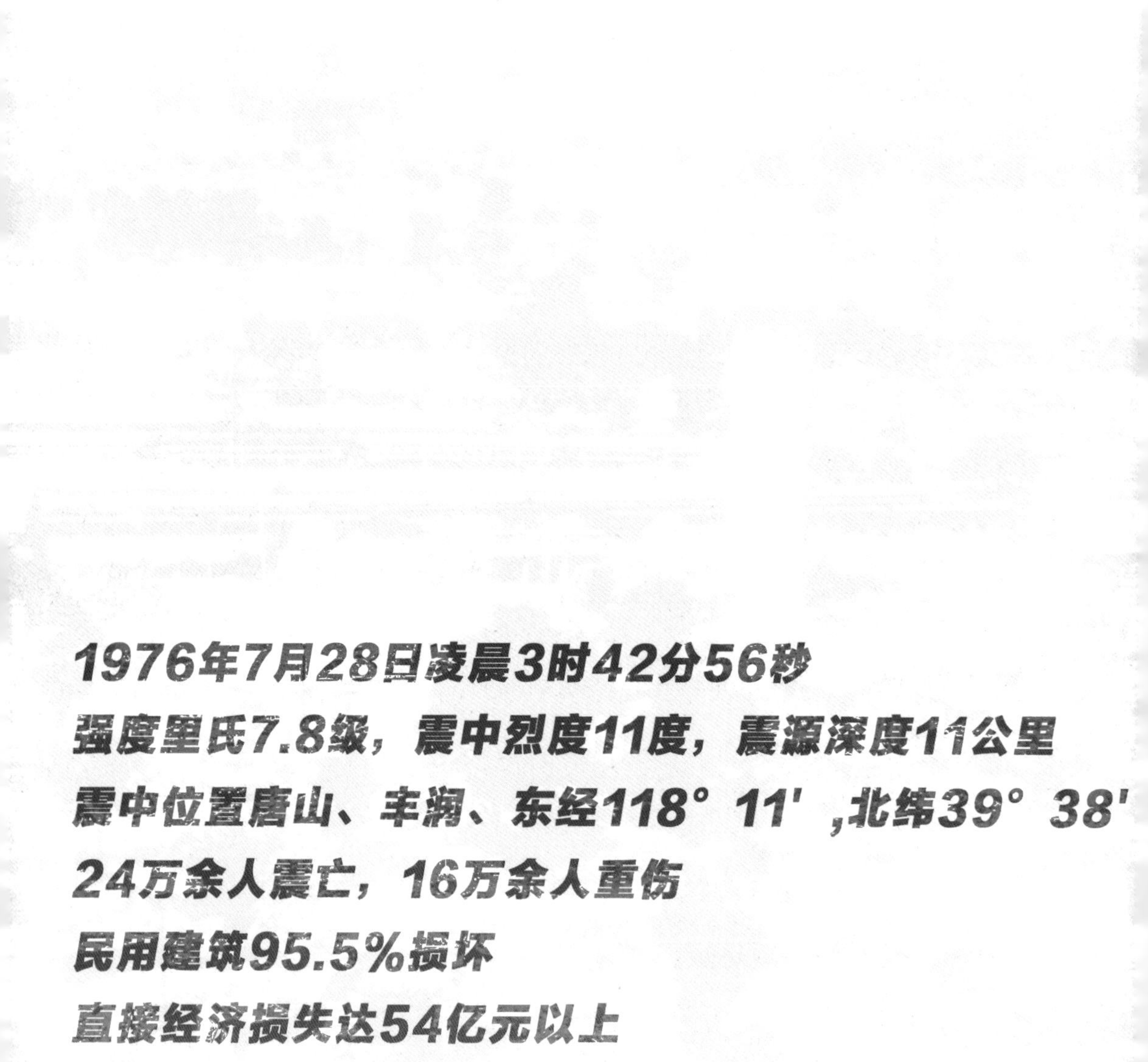

1976年7月28日凌晨3时42分56秒

强度里氏7.8级，震中烈度11度，震源深度11公里

震中位置唐山、丰润、东经118° 11' ,北纬39° 38'

24万余人震亡，16万余人重伤

民用建筑95.5%损坏

直接经济损失达54亿元以上

图 3-1 1976 年震后唐山市区航拍图

（图片来源：《唐山百年》，作者修改）

地震

earthquake

"……人类无数时间和劳动所建树的成绩，只在几分钟之内就毁灭了；可是，我对受难者的同情，比另外一种感觉似乎要单薄些，就是那种被这往往要几个世纪才能完成，而现在一分钟就毁灭的情景所引起的惊愕的感觉……"。

------ 达尔文

一、沉重的数字

1976年7月28日3时42分56秒，中国河北省唐山、丰南一带发生了强度里氏7.8级地震，地震持续时间约23秒。242769人被大地震夺去了生命，名列20世纪世界地震史死亡人数之首。围绕这一死亡人数的还有一系列相关数字。

图3-2 1976年7月28日日历
（图片来源：http://blog.sina.com.cn/s/blog_4bba540a0102eaj7.html）

人员伤亡：地震产生了严重的人员伤亡，据统计，唐山地震中，包括京津在内的所有受灾地区，共有242769人丧生，164581人受重伤，轻伤须治疗者达36万人之多。唐山市震亡203555人（不包括流动人口），占1976年末总人口的3.65%，重伤137753人。其中，市区震亡135919人，重伤81630人。地处极震区的路南区震亡34089人。市区全家震亡的共7218户，家庭解体的有15000户，其中7000多个妻子失去了丈夫，8000多个丈夫失去了妻子。地震造成3643人鳏寡孤独,1965名截瘫患者。此外，外地来唐工作、学习、探亲访友的流动人口中，有12248人遇难死亡（外省人员1200人）。唐山各级党政干部5193人震亡，其中其他地市属局（处）级以上领导干部191人，占这类干部的19.5%；唐山地委有书记、常委9人，震亡6人。开滦煤矿有6579人震亡。驻唐部队干部、战士、家属2466人震亡……

民用建筑损失：震后的唐山市区变成一片废墟，地震中市区民用建筑倒塌损坏达1116.95万平方米，占95.53%。郊区震坏508.13万平方米，占原房总数的 92.7%。各县震损 235.39 万间，占原有房屋的 62.1%。生产、交通、公用等各项设备、设施遭受严重破坏。

工业建筑损失：唐山市内各企业、工厂、厂矿也遭受了严重损失，大量工业建筑物、构筑物在地震中遭到严重破坏，厂区内井架歪斜、柱脚折断、圈梁离散、墙体倒塌、屋面坠落，各种电气、热力管道、机械设备被砸，破坏十分严重。开滦 8 个矿处于九至十一度区内，各种工业构筑物，选煤厂主厂房、选矸楼、井口房、通廊、料斗、煤仓均遭到不同程度的破坏。

基础设施损失：大量的基础设施在地震中遭到严重破坏，道路、桥梁、铁路、邮政、电力和给排水等设施均受到不同程度的损坏，城市功能几乎瘫痪。

图 3-3 被震毁的滦河公路大桥
（图片来源：《唐山百年》）

“唐山——广岛，两座蒙难的城市，一次可以迁怒于法西斯发动的战争，迁怒于制造人间惨案的人自己；而这一次呢？地震科学家说，仅唐山 7.8 级地震释放的地震波能量，约等于 400 个广岛原子弹的总和（而地震波的能量仅为地震的全部能量的百分之几！）。”

——钱刚《唐山大地震》

地震破坏县级以上公路 228 公里，道路受损主要表现在路面下沉开裂，纵向裂缝长者有几十米，有的上百米，宽度从几厘米到几十厘米，有些路段积砂积水。

图 3-4 位于地震中心的路南区，震后变成一片废墟
（图片来源：《唐山百年》）

唐山地区有大量铁路干线通过，位于地震区的铁路有北京—山海关、通县（现通州区）—坨子头等干线，唐山—遵化、汉沽—南堡等支线及厂矿所属专用线，地震中均遭到严重破坏。部分区段路基下沉，钢轨扭弯变形，有的路基下沉达3米，纵向开裂2米。大量铁路桥梁遭受震害。铁路服务配建的通信、给水、电力和其他运输生产设备也遭到严重破坏，唐山通往天津、北京、沈阳的铁路运输全部中断。

地震中其他市政设施损失严重，电力系统损失发电容量1100兆瓦（约占总发电量30%）、地震破坏农业用电线路4800多公里、地下给水排水管道受损646处、全市330座水库遭受不同程度震害（约占83%）、903.95公里堤防设施中510.32公里受损、全市62595眼机井遭到破坏……

其他设施损失：唐山地震使唐山的地下工程受到一定程度的损坏，但相较地面建筑损失较轻，而且随着深度的加深，破坏越来越轻。

地震中大量古建筑遭到破坏，有的基座酥裂，主体倾倒，甚至顶塌墙倒，损害严重。如市区建于明代永乐二年后在清光绪年间重修的刘家祠堂、清东陵部分构筑物等。

次生灾害：地震还引发了不同程度的次生灾害。迁安县（现迁安市）龙山发生了山崩；陡河沿岸滑坡比较严重，胜利桥以南尤为明显，有些地段的河堤滑至河中；滦河大堤有15公里长一段发生裂缝、塌方、陷落，局部地段陷落达4米。地震致使东矿区的林西附近和部分煤矿的老采空区产生塌陷，主要有大庄坨塌陷坑、郑庄子公社任信屯塌陷坑、林西塌陷坑、西河塌陷坑和唐山矿采空区塌陷坑。

地震使唐山及周围地区出现大面积的喷砂冒水现象。分布范围东起秦皇岛，向西经昌黎、滦县，沿滦河北上卢龙、迁安延及迁西，然后至丰润、玉田、蓟县、平谷县（现平谷区）的马坊，沿潮白河到密云水库，折向南至香河、霸县（现霸州市）、青县海兴，直到山东省的沾化县，面积约24000平方公里，严重喷砂冒水区约3000平方公里。

地震引起重大火灾5起，包括：酒库、火柴库着火，一连烧了数日才被扑灭；

河北矿冶学院(现华北理工大学)图书馆和教职工二号楼房倒塌后起火,难以扑灭,大火一直烧到29日凌晨4时。开平化工厂液氯车间因阀门被砸坏泄漏出液氯,致使两人中毒死亡,幸值大雨稀释,才避免了更大的危害,但仍旧对土壤等造成一定程度污染。

震后发生5级以上余震约36次、发生盗抢等犯罪事件近1万次、饮用水源被污染后细菌含量超出国家标准14000倍[1]……

很多数据并未在此被列举,甚至很多数据无法被统计。正如达尔文所表述的,生活在这座城市的人们用了近百年的劳作所积累的成就,在灾害面前,仅仅经过23秒便转化为这一组令人惊愕的沉重数字。

这一系列的数字从不同方面量化了一场巨灾,记录了一场里氏7.8级地震对于这座城市全方位、毁灭性的破坏。透过数字人们能够看到灾害过后城市可能陷入的困境,也能更加深刻地理解灾害对于城市意味着什么,进而使人们认识到应对灾害与防治灾害,对于城市安全的重大意义。

二、自然界的征兆

在当时的社会背景下,历史记载中的地震等灾害不能得到足够的重视,城市也不可逆转的因矿而兴、临矿而建。因此,诸多因素导致了震前的唐山是一座对灾害不设防的城市,尤其表现在居住建筑以平房工棚和砖混结构的低层住宅为主,绝大部分无抗震设防措施,这在某种程度上加重了地震中的人员伤亡。

地震发生在凌晨3时42分,这可能是地震造成如此沉重伤亡人数的最主要原因之一。熟睡中的人们被突袭而来的巨大灾害吞噬,大多数人未能及时逃离。然而巨灾过后,回想当初,许多自然界的征兆被忽略了。

地震前夕,唐山及其周边地区曾出现很多异常现象,官方与民间都有一定反映。国家有关部门在京津唐地区有40多个专业地震台,设有测震、地下水、地表形变、重力、水氡、地磁、地应力等监测项目,并在长期的监测过程中记录到一些异常现象,人民群众在日常生活中也观察到一些宏观异常现象。

[1] “沉重的数字”一节中数据均摘自《唐山市志》.

震后国家组织地震科研工作人员，从唐山地震的客观事实出发，广泛调查、搜集征兆资料。经过整理的资料表明，很多征兆反应与唐山大地震孕育过程存在着相关性，在此对部分征兆进行简述。

1．地下水

震前周边饮用井水异常变化，包括水位上升、发浑变色、冒泡发响、水位下降、水变味、冒油花等大量异常现象。且异常现象的地理分布存在规律，即靠近震中地区井水以异常上升为主，远离震中地区以异常下降为主。

据唐山郊区女织寨公社一社员反映，村西一口井平时要用扁担接两尺长的绳子才能打上水来，而7月27日晚11时30分只用扁担的一半就打上了水，水位上升4尺多。丰南县(现丰南区)侉子庄公社两社员于7月27日下午3～4时到村南一口浅井挑水，开始用扁担打水，一小时后水位突然上升约1.5米，用手就能够到，又过半个多小时，井水又落下，再隔一个小时左右，水位复升到前一次高度，如此反复三次。一些饮用水井在自喷、冒气、冒泡的同时发浑，有的如黄泥汤一样。开滦赵各庄矿水峪大井的井水从7月24日开始变成绿色。

京津唐地区震前分布有观测深层承压水井30个，构成了一个包围唐山的不同震中距、不同深度的地下水观测网。观测的地下水位资料在时间进程上呈阶段性变化。1972～1975年为下降阶段。1972年初宁河、汉沽一带的深井水位开始下降，从年中到年底，天津、唐山水位也相继下降。水位下降区东起乐亭—滦县断裂，北至榛子镇—野鸡坨断裂，南至昌黎—宁河断裂以南，呈现一个北东向的椭圆形。下降速率最大的是唐山，达40厘米/月，由此向外逐渐减小，到天津附近下降速率为2厘米/月。

这些异常现象发生存在时间和地区的差别，震前16小时以内异常现象主要分布于八度烈度区，并集中在唐山市周边的四条断裂带上，但是震前并不是所有水井都有异常现象，而是有反应井和没反应井同时混杂分布。

2．动物

地震后，中科院生物物理研究所、动物研究所与河北省地震局等单位联合对动物异常现象进行了全面考察，搜集了大量动物异常信息，涉及物种30多种，粗略统计共 2202 起。其中大牲畜和猪、羊、狗、猫、鸡、鱼、鼠、鼬等动物的异常现象较普遍，占总数的 90% 左右。动物异常现象涉及最远区域为距震中 300 余公里的张家口地区，但大部分出现在唐山、天津、廊坊三个地区，其中分布最集中的唐山地区约占总数的 70%。

动物异常大致分为“惊恐性”反应和“忧郁性”反应，且以惊恐性最为常见。乐亭县食品厂某马车工人兼饲养员讲述，7 月 27 日 18 时三头骡子不肯进厩，其中两头硬牵并鞭打才进去，另一头突然冲向厂门惊逃，几个人一起才赶进厩，进厩后仍不平静，一直闹到 21 时多。7 月 28 日发生 7.1 级强余震前一小时，这三头牲畜又出现抬头竖耳、惊慌越逃等现象。

丰润县（现丰润区）白官屯公社苏官屯大队养鸡场饲养员于 28 日凌晨 1 时左右发现，大鸡小鸡都不卧，来回乱窜，上窗台嘎嘎怪叫，不爱吃食，到处惊飞等现象，似乎有什么东西在追逐它们。

抚宁县坟坨公社徐春祥等 20 余人，7 月 25 日上午目睹大大小小百余只黄鼬从村北一堵墙里出来，绕道数百米乡村里大转移。当天晚上 8 时许，无处藏身的 10 余只黄鼬绕核桃树乱转，当场被打死 5 只。夜间这批转移到村里的黄鼬嚎叫不止，第二天这批黄鼬又由村里向村外树林转移。

柏各庄农场四分场（现曹妃甸区第四农场）养鱼场，7 月 25 日和 26 日傍晚草鱼等成群跃出水面一尺多高，7 月 27 日下午草鱼尾巴向上露出水面，头向下打转。震后此现象消失。7 月 25 日 5 时秦皇岛市渤海公社东江大队渔民在距海岸 500 ~ 600 米处捕鱼，发现鲅鱼迁游到近海活动。在老龙头以东海域中，1 尺多长的鲅鱼连续上跳,跳出水面 1 尺多高。鲅鱼的活动区一般离海岸 10 多公里，产卵区离海岸 20 ~ 30 公里，靠海岸活动是少见的。7 月 30 日和 8 月 1 日出海捕鱼时没有再发现上述现象。唐山市郊区梁家屯公社南陈庄大队有人养了 20 余条金鱼，26 日晚上发现有的向外跳。28 日凌晨 2 点下班回家，又见金鱼往外跳，便拾起来放回缸内，不一会儿又有鱼跳出来，连续跳出六七条，直至 7.8 级地震发生。

迁安县（现迁安市）商庄子公社西密坞大队社员于 7 月 25 日和 27 日看到

蜻蜓密集成群，约 100 多米宽，由东往西飞，持续约 15 分钟左右。停泊在天津大沽口的“长湖号”邮轮上，7 月 23 ~ 25 日船员们目睹很多蜻蜓落在船窗、桅杆、船灯和船壁上不动，人抓时也不飞走，而在平时轮船上是见不到蜻蜓的。此外，蝴蝶、蝗虫、蝉、蝼蛄、苍蝇等昆虫也都飞停到船上。迁西县几百箱蜜蜂从震前数月至临震前几天几乎全部飞走。

唐山市东矿区（现古冶区）殷各庄公社社员李孝生养的一条狗，在 7 月 27 日晚不让主人睡觉。主人在屋里睡觉，它进来咬，把它打跑后，刚躺下来它又来咬，把主人腿都咬痛了。主人非常生气，边追边打，这时地震发生了。

其他如大量蛇在岸上聚集盘曲不动、蝙蝠在白天成群乱飞，猪、羊、猫、貂等大量动物异常均有发生，且在震前 1 天内达到峰值。这些动物异常主要集中分布在三条断裂带上：天津—宁河—丰南—唐山一线；迁安—滦县—乐亭一线；昌黎—滦南—柏各庄—宁河一线。

3. 声、光

唐山地震后的第三天，中国科学院物理研究所、高能物理研究所、中国计量科学院、内蒙古自治区地震局、河北省地震局、山西省地震局及中国科学技术大学等单位联合组成了声、光现象考察组，对唐山及其外围地区进行了近 3 个月的现场调查。结果表明，唐山地震前出现了大量的声、光现象。距震中 100 公里的范围内，在临震前没有入睡的居民有 95% 的人听到了震前的地声。当时在室外工作的人有 60% 见到了震前的地光，在室内也有人见到了地光。在极震区发现声、光的时间大都在临震前 10 分钟内。

地声现象最早出现在 7 月 27 日 23 时左右，这时听到的地声比较低沉，无明显的方向性。如遵化、卢龙的很多人于 27 日 23 时听到从远方传来了一种连绵不断的“隆隆”声，音色沉闷，音量忽高忽低，有一定节奏感，前后延续了 1 个多小时。在京津之间的安次县、武清县（现武清区）一带早起听到的地声，像接连不断的有大型履带式拖拉机从远处驶过。位于极震区的丰南县（现丰南区）的一些群众，在 23 时左右听到仿佛从几个方向同时传来低沉的声音，有些类似闷雷。还有些群众听到的像大地发出的隐隐约约的“呜呜”声。地震前半个小

图 3-5 光

时到震前几分钟内，震区群众普遍听到不同类型的地声。在不同地区听到的音色和音调有差异，但都感到这期间的地声大部分是一种连续的声响，好像从远处传来，先由弱变强再由强变弱，响声沉重、杂乱，能隐约辨别声源方向。

震前出现过大量的颜色不同，形态不一的地光。颜色包括光谱中所有的七种单色及各种变色,但以白色和红色最多。群众目睹到的地光形态大致有:闪光状、条带状、球状、弥漫状、地面火球和海上发光。

27 日晚 21 时许，滦南县几名赶路的社员忽然看见路边庄稼地上空距地面 8 ~ 9 米高处闪现出两道 3 ~ 4 米长的蓝色光，二三秒后消失。乐亭县有几位饲养员在 28 日凌晨 3 时左右喂牲口时见到不同颜色的闪光，有红色、紫色、粉红色；两位在瓜地看瓜的老人，在 27 日晚 23 时左右同时发现了在黑暗的天幕上从东到西出现了一条红黄相间的光带，像架空电线着火一般。滦县、昌黎县群众反映，球状光有各种颜色，大小不一，通常如篮球大小，也有的直径达 1 ~ 2 米。这种光球能在空中较快地移动，持续时间不长，两球相遇时像爆炸一样，亮光一闪随即消失。唐山、丰南一带弥漫状光出现较早，且亮度大，这种光呈现大范围发亮或局部区域泛泛发光，呈现出天将破晓时的朦胧景象。从震中到 200 公里远的外围区的广大范围都曾出现地面火球的现象，从地面升起，多为红色、暗红色，光亮不强烈，在河沟、田埂、堤堰等处出现较多。

在震前除了上述异常现象外，还有大量其他的异常现象发生，包括电磁异常、气候异常、废弃油井自喷、冒地气以及海水变淡等。震前这些大量的自然界征兆，不论是微观的还是宏观的，在震前都被大量观测到，但是在唐山这个不曾记录过破坏性地震的地方，这个不设防的 6 度区城市中心竟然发生了 7.8 级强震。同时震前的趋势性异常和突发性异常分布极为广泛而分散，临震征兆又出现得特别晚，没有前震，受限于当时的科技水平等因素，大量的震前征兆被忽略了，故而对这次唐山地震未能做出较为准确的临震预报。

三、多视角下的 7·28

1976 年 7 月 28 日凌晨 3 时 42 分，地光和地声现象达到高潮。多种片状、条带状、闪光式和弥漫式地光不时钻出地面，火球或在地面滚动，或在空中飘荡，本来漆黑的夜空，时而亮如白昼，时而异彩怪色。伴随四面响起的地声，似狂风吼、惊牛叫、火车鸣、巨雷响，像山石崩裂、炸弹爆炸。熟睡的人有的惊醒

图 3-6 唐山机车车辆工厂厂房遭到严重破坏，房盖落地
（图片来源：《唐山百年》）

图 3-7 京沈铁路胥各庄段铁路被毁
（图片来源：《唐山百年》）

图 3-8 新华中道两侧住宅成了一片瓦砾废墟
（图片来源：《唐山百年》）

图 3-9 唐山市灯光球场被震塌
（图片来源《唐山百年》）

了，醒着的人耳欲聋、眼昏花，胆战心惊。不时在市区的地面上刮起旋风式的黑风，尘土飞扬，呛人口鼻。3 点 42 分 56 秒，大地开始震动，起初为小幅度、高频率的上下颠动或筛动，如荡秋千，又似在海上行舟。数秒之后，地面作快速、强烈的水平扭动，后来以形成的主破裂带为界，先是东盘向南，西盘向北，这时东面的人向北摔倒，西侧者向南摔倒。第二次东盘向北、西盘向南扭回原位。第三次又重复第一次运动。这时主破裂带形成。时间约 3 ~ 4 秒。单程水平错距约 1.5 米。在第二次水平扭动的同时，地面连续大幅度的上下颠动 3 次，第二次颠动的幅度最大。就在水平扭动加上垂直颠动时，建筑物由破裂而倒塌，人与物体先是被颠起而后被倒塌的建筑物压埋。整座城市发出裂人肺腑的破裂声、倒塌声，尘土冲天而起。这一过程不过二三秒钟。随后在 2 ~ 3 秒内地面又有几次晃动和高频率、小幅度筛动，使已经倒塌的建筑物更加压实。整个地震的过程约二十几秒钟。

由于地震发生的过程短暂，也由于不可能有事先准备好的记录工作，所以唐山大地震震征只能从亲历和目睹了这一过程的人们的追述中得到具体的、详尽的了解。

地震亲历者自述：在震中区即烈度 11 度区内，地震发生时一位老工人正在人民公园门前打太极拳。据他追述，当时在场的还有一位，他们刚刚拉开架式练拳，忽听得四周响起“呜、呜”的声音，像刮大风，又像过去煤矿“响气”（即拉响汽笛）。他正面向西南，另一位脸冲东北。突然，另一位惊呼一声：“不好了，着火了！”他一扭头，只见东北方一片火红，还没有明白过来，地就颠上了，先是颠，后是晃，他俩叉开双脚，紧紧抱在一起，人就像放在筛子上过筛一样。这时公园的墙“哗啦”倒了，接着对面的友谊楼也倒了，砖头瓦块哗哗地直响，满天尘土，像是浓烟似的。

唐山火车站的调车员宋宝极对地震过程的追述是：地震发生时，我在专用线上挂车皮，车上装的毛竹，堆得特别高。我在毛竹顶上摇灯，车正要开动，只听“哐”的一声巨响，车皮摇晃起来。当时我的第一念头：“糟了，脱轨！”立刻想打停车信号，灯还没有摇起来，人就从毛竹顶上摔倒在车皮的一侧，险些摔到地下。这时我拼命地抓住捆毛竹的铁丝，又是一阵剧烈摇晃，好在不是

图 3-10 地震后的开滦医院
（图片来源：《唐山百年》）

左右横着晃而前后直着晃，要不非翻车不可。摇晃刚停，从车上滑下来。车头大灯还亮着，往前一看，吓得惊叫起来。天哪！铁轨都像蛇一样弯弯曲曲的了。只听有人喊："快扒住铁道，地要漏下去！"我立即又扑倒在地，死死抓住铁轨不放。

二五五医院原传染科护士李洪义当时正值后夜班。上半夜因为又闷又热，根本没有睡着，12 点接班后，因为困，在 3 点半左右来到房外乘凉，坐在大树下平时病人们下棋的石桌旁。他追述说：当时心里不由得很奇怪，怎么这么静啊！平时这会儿到处有小虫子、青蛙叫，可眼下什么声音都没有，静得叫人发怵。突然间，我听到一个非常奇特的声音从头顶上飞过去，像风又不是风，说是动物嚎叫也不大像，说不出是什么声音，只觉得又尖又细，唰唰地，又像是一把快刀从天上划过去。我直打颤，浑身立即起了鸡皮疙瘩。这时抬头看看天，阴沉沉的。又想，是不是要下雨啊！起身便往屋里走，可是心里发慌。我从没有产生过这种感觉，像有人从身后追过来要抓我。我平时胆子很大，太平间里也敢待，彼时我害怕极了，心怦怦乱跳。想跑吧，穿着双拖鞋又跑不快。我回头一看，西北方向的天特别亮，好像失火了，可又听不见人喊，到处像死一样寂静。我越发紧张，逃进屋子，一把拧亮电灯，又把门插上。正在这时，就听见"呜呜"的巨响，像几百台汽车在同时发动。糟了！邢台地震时，我在沧州听见过这种声音，我立刻想到："地震了！"接着房子就晃起来，桌上暖水瓶落地，炸了个粉碎。我立即去开门，门已很难开，只打开一小半我就冲出屋子，冲向院子那棵大树，拖鞋掉了也不管了，紧紧抱住树。黑暗中，只觉得我和树都往一个万丈深渊里落、落、落！周围房子倒塌的声音根本没听见，只看见宿舍楼摇晃的影子，一会儿在，一会儿又没了。

正在唐山火车站问讯处值班的服务员张克英的表述是：地震那一声巨响，我一辈子也忘不了，真吓死人。那天我两点多钟起来值班，在问讯处卖站台票。3 点多钟光景，有人喊："要下雨啦！"我赶紧出去搬自行车。只见天色昏红昏红的，好像有什么地方打闪。车站广场上的人都往候车室里涌，想找个躲雨的地方。这会儿，候车室里有两百多人，接站的、等车的、下车后等早班公共汽车的，闹嚷嚷一片。一男一女两个年轻人找我买站台票，接北京来的车。我说："这会儿没车，5点以后再买吧！"他俩也不走，就在窗口等着。地震来以前，我正隔着玻璃窗和陈师傅说话，商量买夜餐的事。话还没说完，突然"咣"的一声，就像是两个高速行驶的车头相撞！我还没喊出声来，候车室里乱成一团，喊爹的，叫妈的，人踩人的，什么声音都有。先是听见"扑通！扑通！"几声，整个候车室落了架，一下子人全被砸在里边。多亏房门斜倒在"小件寄存"的货架上，把我夹在了中间，没伤着要害。接着听见一片惨叫声。离我很近有两个声音："哎哟！""妈呀！"听得出是那等买站台票的一男一女。可是只喊出了这一声，再也没有第二句。

正在街道值勤巡逻的民防人员杨松亭追述道：地震发生前一两个小时，又闷又热，雾气蒙蒙。当时我在长途汽车站附近巡逻。3点多时没什么事了，几个人就坐在车站旅馆门前聊天。突然屁股底下颠动起来，耳边像是有老牛吼叫，又像是直立在大风口上，吓得我们跳起来就往马路中间跑，路灯一下灭了。我和另一个人抱在一块，可是撑不住，像有双手把我们硬撕扯开，都摔倒了，使劲站起来，又加一个人，三个人撑在一起，还是不行。人像是站在风浪中的甲板上，你晃我也晃。干脆蹲下来，互相死死地拉住。地还在狠劲地颠。这时候就听见"嘭、嘭、嘭"的巨响，一股呛人的尘土味扑来，成群的人涌到马路上，谁也跑不快，摇摇晃晃，一步一个跟头。我看到三个卖烟糖的女人逃出售货棚子，可车站饭馆做豆腐脑的女人却没跑出来，只见她被什么打中了，一头扎在烧开的豆浆锅里。

专家视角：根据国家地震台网的测定结果，唐山大地震发震时间为1976年7月28日3时42分56秒，震中位置位于唐山市区北纬39° 38′、东经118° 11′（唐山市路南区吉祥路一带），震源深度11公里，震级7.8级，震中烈度11度。

极震区在平面上呈椭圆形，长10.5公里，宽3.5～5.5公里，面积为47平方公里（东至开平区越河公社，西至矿冶学院，即现华北理工大学，南至女织寨公社，北至贾各庄），大地震波及北京、天津等地，有感范围14个省、市、

图 3-11 震后唐山青少年宫
（图片来源：《唐山城市记忆》）

自治区，217 万平方公里。北至黑龙江，南至安徽、江苏，西至内蒙古、宁夏，东至渤海湾，人们都感受到异乎寻常的摇撼。

震后国家地震局组成了由河北地震局等 15 个单位组成的考察组，对唐山市 7.8 级地震和滦县 7.1 级地震进行了宏观的考察，结合唐山地区建筑物、地基基础及地貌条件等特点统一了烈度区划分标准，同时根据宏观考察结果，绘制了唐山市 7.8 级地震烈度分布图，划分了七个烈度区（见图 3–12）。

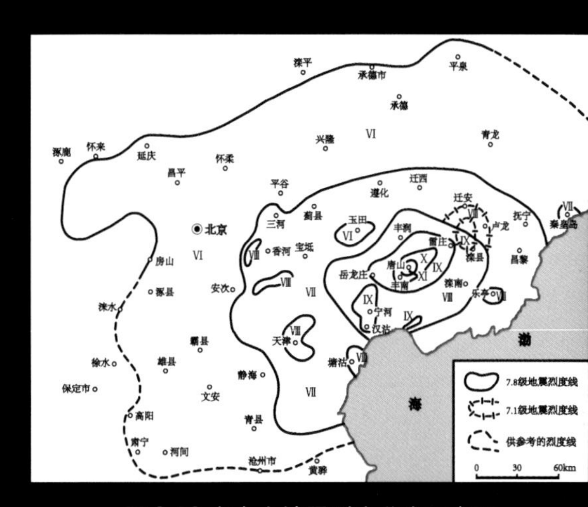

图 3-12 唐山大地震烈度分布示意图
（图片来源 :http://blog.sina.com.cn/s/blog_4acef1040102wjjh.html，作者修改）

强大的地震作用力使得唐山市地表发生巨大的变化，在震区内地表出现了一条与地质构造相关的裂缝带。主裂缝带南起丰南安机寨，向北延伸止于陡河东北的唐山二十九中。其中心位于吉祥路和当时的地委党校,全长 8 公里,宽约 30 米，总体走向北东 30°，大体与唐山矿 5 号断裂位置相当。裂缝带两侧呈右旋水平扭动，由十几条扭裂缝呈反排雁列组成。最大扭矩达 2.3 米，南东盘下落 0.2 ~ 0.7 米。裂缝一般深

图 3-13 唐山地震断裂带，呈雁行排列

度为 2 ～ 3 米。较大的雁列状裂缝带有五条，分别为：胜利路—永红路裂缝带、达谢庄—十一中裂缝带、韩家后街—兴旺街裂缝带、马家花园—针织库裂缝带、礼尚庄—郑家庄裂缝带。除这些主裂缝带以外，极震区尚见几条次级地震裂缝带。其中最长的长度达 2000 米以上。

地震及巨大的作用力也给唐山市地表留下很大的形变。集中表现在长约 110 公里、宽约 50 公里的北东向条带上，强烈地形变区集中在地震断层的两侧，垂直错距达 1000 毫米左右。上升区在地震断层的西北侧，为一条明显的条带。下沉区主要分布在 7.8 级地震及主要强余震的震中附近，形成了唐山、宁河、滦县雷庄三个强烈下沉的地形变中心，其最大下沉量分别 748 毫米、1551 毫米、1044 毫米。滦南柏各庄至乐亭一带是下陷背景中的一个较明显的隆起区，呈北东向。

四、伟大的互救

凌晨的地震将睡熟的人们一瞬间埋压在倒塌的废墟里，据有关资料推算，市区（不包括郊区与东矿区，现古冶区）约有 86% 的人被压埋，极震区达到 90% 以上，即在接近 70 万的市区居民中约有 63 万人第一时间未能逃离。房屋支架、房盖、楼板尤其是预制板、乱砖碎石等对人们伤害最大。

图 3-14 震后救援
（图片来源：《唐山百年》）

此外地震将并不发达的通讯途径切断，准确的地震信息和震中位置无法快速地发布。唐山一时间成了一座孤岛。因此自救与互救显得尤为重要，震时市区大约 1 万名室外工作人员与

图 3-15 冒着余震危险，寻找幸存者
（图片来源：《唐山百年》）

一小部分从废墟中挣脱出来的人员构成了震后自发的自救互救的主要力量。在余震不断、缺乏救援工具的情况下，搜寻着自己的亲人、邻居、同事工友等，被救出的轻伤者也随即加入了救援的队伍，面对巨灾，普通民众做出的伟大自救与互救，体现了人类生生不息的巨大力量。

震后很多领导干部在脱离危险后，立即赶往机关单位、工厂等组织力量抢险救灾，成立临时抗震救灾指挥部，使得自发救助行为更为理性、有序和有针对性，在很大程度上维护了震后混乱的社会秩序，并避免了部分危险源引发的次生灾害。到 7 月 28 日上午，自发救援的队伍已达到 20 万人。这支队伍在国家正式救援实施之前成功拯救了无数生命，也说明了灾后自救的重要意义。这期间发生许多或堪称奇迹、或温暖人心、或令人肃然起敬、或令人潸然泪下的事件，很多对当今的人们面对灾害，也具有积极的思考和借鉴意义。

开滦矿井的奇迹：震时 1 万多名矿工在这场毁灭性的灾害中竟得以生还，震亡率仅为万分之七。短短的 23 秒过后，整个城市被夷为平地，但就在地震发生时，还有一群人正处在距离震源最近的大地深处，他们是开滦煤矿的 1 万多名井下工人。7 月 27 日晚，地震前几小时，为了提高月底的产量，各个矿区的大多数机关干部和工人一起下了矿井。据一位吕家坨矿亲身经历者回忆，大震来临那一刻，先是一阵强烈的震风，接着整个巷道都在晃，顶板上的煤和矸石哗哗地往下落，地下深处的矿井立即陷入绝境。冷静与秩序最终在绝境中的人们身上被严格地执行了，抗震指挥者宣布了撤退的顺序：兄弟单位的同志先走，然后是井上工人、采煤工人，领导必须最后撤离。在这种情况下，人们选择了唯一正确的路：那就是绝对维护好秩序，做到紧而不乱，以最快的速度按顺序撤离，这是集体生还的关键之处。由于井下完全断电，通风停止，空气将越来越稀薄，一旦断电停风 40 分钟以上，各种有害气体会让人窒息，甚至地下水会迅速上涨淹没井下巷道。负责吕家坨矿通风的工作人员，在地震中逃出后，并没有回家，在优先逃离矿井的工人帮助下，用人力代替电动绞车，在不到一小时的时间内打开了大部分风门，保证了矿井的自然通风，使后面的人们成功逃离成为可能。在地处极震区的唐山矿负责通风的一位科长，在大地还在震动的时候，从家里逃出，顾不上亲人的安危，立即奔向他的通风岗位。同样用人力代替电动绞车使矿井通风，使得唐山矿无一人伤亡。其他几个矿井也是一样，地面脱险人员都在尽可能短的时间保证了地下通风，为矿工向地上逃亡争取了时间。

处理危险源的无名英雄们：地震后一些关键岗位的负责人冒着极大的风险将一些高压、易燃、有毒等危险气体尽可能地处理了，防止了部分火灾、爆炸、毒气泄漏等次生灾害的发生。唐山地区外贸冷冻厂高压液氨筒管道断裂，氨气喷出，值班工人临危不惧，三次爬上 5 米高的储液桶筒，调整泄氨量，避免爆炸事故。唐山电厂地震时，几台高压锅炉同时从安全阀中喷射出高压水蒸气流，控制室 5 名女职工在逃离前，用人力关闭高压电动门，防止了汽鼓爆炸。唐山钢厂的氧气罐被地震震裂，导致液氧外流，为防止引发火灾或爆炸，有关干部不顾危险，经过两小时奋战，安全排放了全部液氧。尽管地震依然引发很多次生灾害，但这些无名英雄坚守了各自的职责，减轻了地震对城市和人们的伤害。

抗震救灾十八勇士：地震时，工程兵某部干部战士 18 人住在马家沟矿区招待所。地震后，18 名军人赤脚在职工休息室、托儿所、职工宿舍的瓦砾中成功救出大人和孩子 147 名，后被群众赞誉为抗震救灾十八勇士。

救死扶伤却失去亲人的医生：一名女医生在震后成功逃离后，面对大批需要急救的伤员，即便得知自己的爱人被埋压依然决定留下来，使得许多危重伤员得到及时救治，参与救治了 100 多名伤者。然而自己回家后，爱人虽已被救出，却因埋压时间过长，停止了呼吸。在掩埋了爱人尸体后，她又重新回到自己的岗位。

1976 年 7 月 28 日那天有很多真实而感人的事件发生。在灾难面前，亲友之间、邻里之间、同事之间互相救助。据不完全统计，约 48 万人是通过自救互救方式脱险的，占被埋压人的 80% 左右。相比较于当下邻里关系的淡漠，这种互救机制依托于那个年代朴素的人际关系和无私忘我的牺牲精神，在缺乏救援工具和专业技能的情况下，成功救出几十万伤者，这在整个地震史上堪称一次伟大的互救。

五、一方有难，八方支援

党中央、国务院通过多方渠道获悉唐山大地震的准确消息后，于 7 月 28 日上午 10 时作出重大决策：全力支援灾区人民抗震救灾。

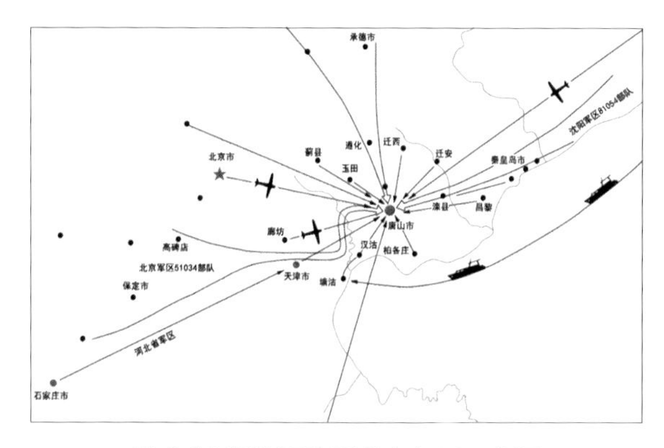

图 3-16 解放军抗震救灾行军示意图

当时这个年轻的社会主义国家刚刚经历了一系列重大事件，党中央依然在最快时间内成立了中央抗震救灾指挥部。当即召开了由铁道部、邮电部、水电部、商业部、卫生部等多方部门参加的会议，决定紧急支援唐山灾区。派出部队、中央慰问团和国务院联合工作组赶赴唐山，并动员全国支援，充分显示了社会主义国家在处理重大灾害时的优越性。

图 3-17 10 万解放军指战员赶赴灾区抢险救灾
（图片来源：《唐山百年》）

人民解放军作为救援行动的主要力量，分别从北京军区、沈阳军区、河北省军区等，经由海陆空三路奔赴唐山。其中北京军区派出了 2.7 万多人，140 多个医疗救助队伍，6500 多辆的不同类型的车辆。沈阳军区在地震发生的第二天也火速赶往地震第一线进行紧急救援工作。

各军区领导干部与指挥人员抵达后立刻在唐山机场成立抗震救灾前线指挥部。为全面救灾确定了原则、行动计划与合作部署。军队纪律性与战斗执行力令救援行动得以高效而有条不紊地展开。

负责抢救埋压者的军人在不断发生的余震中，用简陋的工具或双手在一片片废墟中搜救。高温酷暑与不间断工作令很多战士昏倒，有的战士在救灾过程中献出了宝贵的生命。在地震发生的七天内，全国各地军民参与救援工作的人数已经达到了十几万人，各地方派出的不同的车辆达到5000余辆，在当时的唐山机场，两天时间内，救援飞机起降达到将近800个架次，运送伤员数千人，运送救援物资上千吨，第一时间支援了唐山，解决了震区的燃眉之急。

与紧张救援行动平行展开的是物资的筹备与调度。在中央指挥中心的部署下，商业部与卫生部等将全国各地支援灾区的急救物品相继运抵唐山。这在当年国家经济情况紧张的情况下显得尤为珍贵，食品、帐篷、饮用水、衣物、布匹、药品等解决了灾民的需求，也温暖了灾民的内心。

图3-18 唐山机场震后三天，起落飞机874架次，输送物资、抢运伤员创出了飞行史上的奇迹（图片来源：《唐山百年》）

作为中国现代煤炭产业发源地，开滦煤矿得到了全国煤炭系统29个煤矿的援助。来自抚顺、大同、阜新、阳泉、北京、徐州等矿的矿山救护队均为各自煤矿的专业救助团队，连同本地的开滦矿山救护队一起，在救援与处理唐山支柱企业开滦煤矿过程中发挥了重要作用。

参与救援的各个部门都组织了大量的人力与物力完成了中央指挥中心部署的专业任务。邮电部抢修了通信线路；铁道部与交通部门负责抢修铁路与公路，让灾区能顺畅地与外界联系，也让各项援助能尽快达到灾区；卫生部在全国范围内调集了专业医疗队伍；商业部则保证了物资供应。

多难兴邦，1976年的新中国经历着成立后最严重的危机：政局动荡不安，经济濒临崩溃，伟大领袖毛泽东、人民敬爱的好总理周恩来相继病重、离世。

这种情况下，唐山大地震的发生让全国人民再一次团结起来。一方有难，八方支援。那些不知疲惫、不顾生命的英勇救助，那些经济异常困难下的无私捐助，给予了这座几乎被灾害夺去一切的城市最伟大最温暖的支持。这是一次国家层面的灾难，也是一个国家对一个城市的救助。

1986 年 7 月，在抗震救灾 10 周年之际建成了唐山抗震纪念碑，正如碑文所言："……地震之后，党中央、国务院急电全国火速救援。10 余万解放军星夜驰奔，首抵市区，舍生忘死，排险救人，清墟建房，功高盖世。5 万名医护人员及干部民工运送物资，解民倒悬，救死扶伤，恩重如山。四面八方捐物捐款，数十万吨物资运达灾区，唐山人民安然度过缺粮缺水之绝境。与此同时，中央慰问团亲临视察，省市党政领导现场指挥，诸如外转伤员、消尸防疫、通水供电、发放救济等迅速展开，步步奏效。震后十天，铁路通车；未及一月，学校相继开学，工厂先后复产，商店次第开业；冬前，百余万简易住房起于废墟，所有灾民无一冻馁；灾后，疾病减少，瘟疫未萌，堪称救灾史上之奇迹……抚今追昔，倏忽 10 年。此间一砖一石一草一木都宣示着如斯真理：中国共产党英明伟大，社会主义制度无比优越，人民解放军忠贞可靠，自主命运之人民不可折服。爰立此碑，以告慰震亡之亲人，旌表献身之英烈，鼓舞当代人民，教育后世子孙。特制此文，镌以永志。"碑文详细地记录了当时一方有难，八方支援的具体情况，深深地表达了唐山人民对大地震中遇难同胞和为抢救人民生命财产而牺牲的烈士的悼念之情。

六、混乱与平复

由于城市绝大部分建筑物、构筑物以及基础设施抗震设防水平远低于7.8级，城市建筑近九成损毁，城市生命线系统完全瘫痪，各项功能无法正常运转，震后城市陷入一片混乱。

唐山大地震影响范围很广，震区内外道路与铁路均被破坏，蓟运河大桥与滦河大桥坍塌，来自京津临近地区的救援人员与物资的运送受阻，最初只能靠

图 3-19 震后铁轨弯曲变形严重
（图片来源：《唐山百年》）

图 3-20 唐胥公路被震成沟壑
（图片来源：《唐山百年》）

图 3-21 唐山第一瓷厂主厂房倒塌
（图片来源：《唐山城市记忆》）

飞机空中投递，由于缺乏准确定位，物资的投递过程也造成一定的混乱。交通系统是影响救援的关键环节，中央救灾指挥部紧急决策，由铁道部与交通部派遣近5万名抢修人员，通过连夜不间断抢修，疏通唐山主要对外联系通道：7月29日架起蓟运河浮桥，7月30日修复旧滦河铁桥，8月3日架通宁河大桥，8月7日京山铁路全线通车，使得中转到北京、天津的大批物资能够及时送达灾区，需要转移治疗的伤员也得以及时转移出去。震后混乱的交通系统得到了初步平复，这是几万名解放军战士与专业抢修人员争分夺秒、不分昼夜劳作换来的，这可能是当时的技术水平下全世界最快的抢修速度。

与世界上很多大型灾害一样，由于地震破坏了城市的社会治安、保卫、行政管理等系统，灾后发生了社会动乱。当绝大部分人们抑制着悲痛忙于互救时，极少数不法分子则试图“趁乱打劫”，公开抢掠公私财物，甚至侵夺私人贵重物品。灾难过后，这类反映人性阴暗面的事件是无法回避的问题，也是应对灾害应该预先考虑的一部分。

有人亲眼看见一个老妇人在一具男尸前哭着：“我的儿啊！我的儿啊！”哭完，摘下男尸手上的手表走了。不一会儿，她又出现在另一具男尸前面，又是泪，又是“我的儿啊”，又是摘去手表。就这样换着地方哭着、摘着，换了十几处地方，直到被人扭住。1976年8月3日，是唐山抢劫风潮发展到最高峰的日子。成群的郊区农民，赶着马车，开着手扶拖拉机，带着锄、镐、锤、锯……像淘金狂似地向唐山进发。

——钱刚《唐山大地震》

脱险的各级领导干部与公安干警首先承担起维护城市秩序的任务，与随后赶来的解放军一起防卫起城市中的银行、商店、仓库、粮店、监狱、看守所以及档案馆等关键部门。

震后一个月刑事案件发案率比震前一个月上升1.9倍。据不完全统计，群众揭发检举各类案件9985件，129名犯罪分子投案自首，各类坦白交代事件9172件，收缴大量被盗抢财物。通过政府与公安人员开展有效的维护工作，配合各种通告与宣传教育，社会动乱得以平复。

随着伤员不断被救出，医护与治疗的难题也随即出现。震后6天时间内，除河北省组织13个医疗队3500余名医务人员赶赴灾区外，上海、山西等11个省市共派出138个医疗队，10400余名医务人员；解放军北京、济南、沈阳、昆明军区也先后派出100多个医疗队赴唐。后续各省、自治区也陆续有医疗队伍到达唐山。救灾前线指挥部根据不同区域伤病情况进行协调部署医护力量。本着“先救命后治伤，先重伤后轻伤”的原则，夜以继日地救死扶伤，克服了难以想象的困难，使得一度混乱的伤员治疗与护理情况得到扭转。

图 3-22 宁夏医疗队来唐山
（图片来源：《唐山百年》）

震后废墟中很多未及时清理和挖掘的尸体在酷暑的闷热天气中腐烂、发臭、蚊蝇滋生，震后的几场大雨使情况进一步恶化。刚刚脱险幸存下来的人们马上面临瘟疫等传染病的威胁。震后第三天起，大量人群开始出现肠炎和痢疾等症状。一周后消化道系统传染病达到高潮。疫情是每次巨大灾害后必然伴生的灾害。如果处理不当，会造成严重的后果。

首先进行的是杀灭蚊蝇等疾病传染源和传播途径。8月5日，国务院抗震救灾办公室下达命令，急调灭虫飞机赶赴唐山，通过空中喷洒低毒有机磷等杀虫药物45余吨，初步消灭大部分蚊虫。后续配合喷洒车、个人喷雾器等基本控制了蚊蝇

图 3-23 为避免震后出现瘟疫，医护人员消毒防疫
（图片来源：《唐山百年》）

等对疫情的传播。接着便是对灾区饮用水源进行消毒和保护，重要水源由解放军、民兵看守，并定时消毒。灾区临时供水也都严格执行消毒与检疫化验。城乡居民的饮用水都经过消毒处理。震后政府对唐山震区实施全民免费接种疫苗。虽然当时国家经济形势紧张，国家财政比较困难，仍然拨款750万元经费用于灾区防疫工作，在震后闷热多雨的天气情况下，并未爆发大型流行病、传染病，整体上取得了灾害防疫工作的重要胜利。

灾后人们的生活需要尽快恢复，幸存的几十万人承受着饥饿、干渴与伤病的折磨。救援的饮用水运抵之前，人们只能喝坑塘水、游泳池水等污水来维持生命，抗震指挥中心将备用的9000吨达标饮用水向群众开放，同时利用了市区附近30多眼自备水源井作为补充，使得灾区度过了最初几天的水荒。

图3-24 救援人员为灾区人民送水
（图片来源：《唐山百年》）

食物供应主要由北京、天津、石家庄等邻近城市的食品工厂连夜批量生产供应，最后由救灾部队统一按人均定额配给，避免了哄抢等问题。辽宁海城和营口人民刚刚经历了1975年2月4日的海城大地震，有着真实的受灾经验，专门为唐山灾区人民送来了能调味消毒的大蒜、蔬菜等以及用毛巾做成的慰问袋，里面装有各种使用的震后生活用品，如梳子、应急衣物、剃须刀以及女士个人卫生用品等，体现了无微不至的关怀。

最初的几个月里，军用帆布帐篷和用油毡、草席、木杆搭建的简易棚屋成为人们的临时住所。由于灾民数量庞大，前行指挥中心鼓励灾民就地取材，自发搭建简易棚屋。对于失去家人的孤寡老人与伤残者，救灾部队帮助搭建棚屋，使得灾民初步解决了酷暑暴晒和大雨侵扰。

总体上，在救援队伍与灾民共同奋战下，城市从灾后的混乱中渐渐平复。抗震救灾工作的重点也逐步由地震救助转向震后重建。

图 3-25 震后搭建的简易房
（图片来源：《唐山百年》）

图 4-1 震后人民解放军与居民共同搭建临时住房
（图片来源：中国唐山地震博物馆）

震后

Post-earthquake

一、临时城市

在经历了几个月的混乱之后，城市的运转得到了短暂的平复。接下来摆在这座城市和人们面前的难题是1976年的冬天，即震后的第一个严冬。另一方面，唐山作为计划经济时期对国民经济命脉具有重要意义的重工业城市和能源城市，其生产也需要尽快恢复。

在吸取了震前城市围绕煤矿与工厂自发生长的经验教训后，震后唐山重建力求在一个科学严谨的规划指导下进行。尽管震后中央抗震指挥中心马上从全国范围内召集了一批规划与建筑等领域的权威专家、学者与技术人员，夜以继日地工作。但客观地讲，编制一套经过充分论证的成熟规划方案以及遵循规划建设城市需要一个较长的周期。唐山因此不得不经历一段临时过渡时期，这也是破坏性灾害过后，任何城市必须要经历的过程。这对于灾区刚刚经历身体与心理双重伤害的民众显得异常艰辛，但最终唐山人凭借百折不挠、自强不息的顽强毅力，建起了一座临时城市，度过了那段最艰难的岁月。

首先是临时住房的问题。在大小余震不断中，人们最先搭起各式窝棚。不同家庭、不同性别、不同年龄的灾民同住一棚，极为不便。这种情况持续了近3个月。在帐篷、棚屋中度过了炎热、多雨的夏天后，人们需要一处能正常生活并且抵御严寒的房屋。符合抗震设防等级的住宅显然无法及时建成，几十万灾民也无法异地转移，搭建简易住房成为唯一的选择。在完成各种抢救工作后，指挥部经过考虑迅速展开了搭建简易住房的行动，并提出“发动群众、依靠群众、自力更生、就地取材、因陋就简、逐步完善”的建房方针，旨在尽快安置灾民，保证正常生活。与此同时，各大中型企业单位也开始组织修建集体工房。参与建设最早一批临时住房的人员总数达到10万人左右，由人民解放军、街道居民和各企业职工组成。在震后第一个冬季来临之前，唐山市内共建成各式各样简易住房 40 万余间，累计安置灾民 90 多万人。

简易住房不同于帐篷和活动板房，是在唐山大地震后废墟上支起的窝棚到重建的正式工业民用建筑之间，若干种过渡型简易房屋的总称，它的大面积出现，是唐山人的创造。简易住房结构简单，没有统一的规格和设计图纸，人们建起四柱木架，顶上铺苇席、草袋，上面再铺以油毡，用砖或石块压住；四壁砖石只砌到窗台，上半部用苇箔支撑，内外抹泥；朝阳方向安装上门窗，没有玻璃就钉上透明的塑料布;室内搭火炕，烟道由房后出去。简易房高一般在 2 米左右，前后出水檐间距只有 1.8 米左右，空间虽然狭小，但在震后却庇佑着一个个遍体鳞伤的家庭。

1979 年下半年，唐山震后大规模恢复建设正式开始。但正式住宅的进度与总量无法满足客观需求，鉴于民众情绪日益焦急，1982 年 10 月，唐山市又发布了《关于市民恢复自建住宅有关问题的暂行规定》，鼓励居民自建正式住宅。从 1982 年末到 1983 年初，路南区以大业里、联合村为试点，陆续开展了居民自建住宅工作。

回顾唐山临时住房的建设历程，可以看到社会主义的鲜明特色：全国范围内的广泛无私帮助与支持。很多救援军人与志愿民众参与了建设，且为了争取时间，很多人在高温日晒下过度劳累，以至晕倒住院。各类紧缺的建筑材料从全国各地紧急调运到唐山，大大加快了建房的进度。

但是同样作为社会主义国家，由于特殊的土地制度导致震后没有明确的土地产权资料作为私人重建活动的依据，这与很多国家灾后重建有着根本性区别。例如日本神户大地震后，住房重建在参照原地籍图的基础上进行优化调整，划分好公私产权边界，使灾后自建行为有了一定秩序；而震后唐山最初的自建私建行为由于缺少约束和依据而显得有些杂乱无序。后来政府介入并制定了相关规定，居民自建平房住宅要经过申请，经相关部门审核同意且领取《自建住宅许可证》后，方可在划定的间距长 13 米、宽 11 米的范围内动工建设，自建活动得以规范化。但数量巨大的简易房加上过于单一的规范要求仍然造成很多负面影响：一方面很多空地被简易住房占用，由于缺少“搬迁倒面”，重建活动包含了大量清理废墟的工作，影响了城市正式重建的进度；另一方面，一部分建筑质量相对较好的自建房屋渐渐形成小区，留存至今，给后来城市改造带来不少拆迁难度。

图 4-2 路南震后新建的简易房
（图片来源：《唐山城市记忆》）

其次是临时公共设施的建设。唐山市各级医院在解放军和外地医疗队的帮助下，搭建起简易病房。8 月 3 日，在北京某部队的帮助下，唐山体育场抗震学校（现陵园路小学）举行了开学典礼，这是最快复课的学校。随后，唐山六中、十八中、三十六中、马家沟小学等中小学也相继开学复课。学校起初是在露天上课，后续逐渐在全市范围内共建起约 6 万多间简易教室、办公室及部分宿舍。城市的教育、医疗等功能便在此情况下得到临时运行。

最后是临时生产设施和市政设施的恢复建设。城市道路、桥梁、供水等市政设施在援唐各单位的通力协作下，很快得到简易恢复。市区内疏通了道路，灾民喝上了自来水。各厂矿企业的广大职工，克服重重困难，迅速回到工作岗位，积极恢复生产，抢修设备并搭建起简易厂房，震后第 10 天，开滦马家沟矿生产出震后第一车煤炭；唐山电厂在震后第 18 天重新发电。到 1977 年底，除少数搬迁企业未达到震前的生产能力外，90% 以上的企业在简易厂房中达到了震前的生产能力。

整体上看唐山正式重建之前的临时阶段，充分展现了社会主义新中国在抗灾救灾方面的优越性。这与历史上某些时期灾害发生时，百姓孤立无援，政府救援迟缓甚至不采取任何救援行动的情况形成鲜明对比。同时在当时的时代背景下，这个年轻的社会主义国家刚刚从文化大革命的惨痛教训中缓慢恢复，经济与科技领域都被压抑，包括建筑工程与城市规划等领域，这导致在进行救援安置与重建规划之初，有较强烈的政治倾向与形式主义。但经历过新中国成立后的首次巨灾，这个国家与这个城市在灾害面前学会了很多，也积累了很多，务实逐渐取代形式。

二、1976年震后重建规划

简易住房帮助唐山人民度过了最艰难的第一个寒冬，拉开了城市重建的序幕，但从长期来看，这些临时住房或者半永久性住房建设过于仓促，质量不高，而且很多建筑沿路兴建，影响了城市面貌。众所周知，地震前的唐山，城市发展主要围绕煤矿等工业区无序布局，城市空间混乱，导致了诸多问题，为避免重蹈覆辙，再次形成杂乱无章的城市空间，依据先进的规划理念，力求建设一座功能完善、布局合理、井然有序的城市，必须要有一个科学严谨的系统规划进行指导。

重建唐山，规划先行。震后重建规划始于地震后的第 11 天——1976 年 8 月 8 日，分为前期准备、规划编制、规划批准、规划修订四个阶段，历时五年。

1. 社会背景

1976 年唐山地震发生时正值中国文化大革命后期，批林批孔、反对修正主义、反击右倾翻案风等一系列政治运动正如火如荼地开展，坚守阶级斗争为纲、分清路线是非是社会的主旋律，警惕修正主义毒草的危害、严斥资本主义的泛滥是主流意识形态，对于资本主义的物质诱惑更是弃如敝屣。所以在当时，城市建设的主要出发点是有利于发展生产、方便生活，更高的美学追求是位在其次甚至被压抑的。“还是搞小城市”，“备战备荒为人民”，“以农业为基础，工业为主导”，“把恢复和发展农业放在首位，加强工业对农业的支援”，深入地开展“农业学大寨”，“进一步加快农业的发展速度”……毛泽东主席的系列指导思想决定了我国当时城市发展的方针是“控制大城市，合理发展中等城市，积极发展小城市”，做到大分散、小集中，严格控制城市人口规模，积极发展农业。周恩来总理提出的“城乡结合”、“工农结合”、“有利生产”、“方便生活”的意见也是规划遵守的原则，努力缩小城乡差别和工农差别，逐步做到城乡结合、工农结合是很重要的立足点，工业企业的建设要纳入全地区范围，合理布局，以适应国民经济发展的需要[1]。

2. 规划过程

（1）前期准备阶段

1976 年唐山地震几天后，国务院立即组织国家建委城建局、上海规划室、沈阳规划院、北京地理研究所、清华大学和河北省各城市的规划专家组成了以曹洪涛为组长、周干峙为副组长的专家组进驻唐山，着手编制城市规划。

1976 年 8 月 8 日，国务院联合工作组抵达灾区，与河北省、唐山市一起，开始设想重建的“蓝图”。紧随其后，在大地仍不时抖动的境况之下，国家以及河北省的相关部门组织了 60 多名规划设计人员来到唐山。震后规划建设由国家建委牵头，主任为时任国务院副总理谷牧，副主任张百发常驻唐山，为震后规划的有序进行奠定了组织保障。

图 4-3 1978 年 9 月 14 日时任国务院副总理谷牧（左二）、国家建委领导现场指挥唐山复建
（图片来源：唐山市规划展览馆）

图 4-4 1977 年 3 月，唐山市建设指挥部成立，唐山震后复建工作正式展开，唐山市领导研究唐山复建规划
（图片来源：唐山市规划展览馆）

[1] 王刚，赵振中，姜永清，李娜 . 唐山震后规划过程简述 [J]. 西部人居环境学刊，2014，29（04）：84-91.

同时，华国锋同志明确提出："我们要把唐山建设得比地震前更好，各种设施的布局要科学、合理。新建的唐山市一定要反映出70年代建筑的先进科学技术水平。生产出奇迹,新唐山的建设也应该以革命精神作出奇迹。"[1] 规划工作贯彻了这种指示思想，对唐山震后规划的重视也在很大程度上推动了全国城市规划事业的发展。

（2）规划编制阶段

1976年8月30日至1976年10月河北省建委组织的勘测队伍在唐山收集水文地质以及其他相关数据资料，为规划的编制提供依据。在震后两个多月的时间里，项目组技术人员深入现场调查研究，针对灾后总体规划编制面临的主要问题和工作特点，以问题为导向着重解决近期灾后重建过程中的居民安置、产业恢复、市政设施配设等问题，并广泛征求意见，反复讨论修改方案，夜以继日地辛勤工作。

最终，1976年11月，震后仅3个多月的时间，重建"蓝图"——《河北省唐山市城市总体规划》在众多规划技术人员的共同努力下，编制完成。

规划确定唐山市的城市性质为：唐山市市区是一个重工业城市，又是唐山地区的政治、经济、文化中心。震后重建规划致力于将唐山建成最安全的人类生存空间，规划在方方面面都体现了抗震防灾的主导理念。可以说，1976年前全国的城市建设规划均没有专门的防灾规划，在唐山大地震后，全国范围内的规划中才增加了"防灾规划"，唐山震后规划一定程度上提升了全国城市对抗震防灾的重视程度。

（3）规划批准阶段

1977年5月14日，党中央、国务院原则批准了《河北省唐山市城市总体规划》，使其成为我国"文革"期间第一个正式批复的总体规划。批文提到："你们《关于恢复和建设唐山规划的报告》中提出的指导思想，体现了伟大领袖和导师毛主席关于'备战、备荒、为人民'的战略思想和'以农业为基础、工业为主导'，'搞小城镇'的方针，体现了敬爱的周总理提出的'城乡结合'、'工农

[1] 参阅河北日报1978年1月5日版.

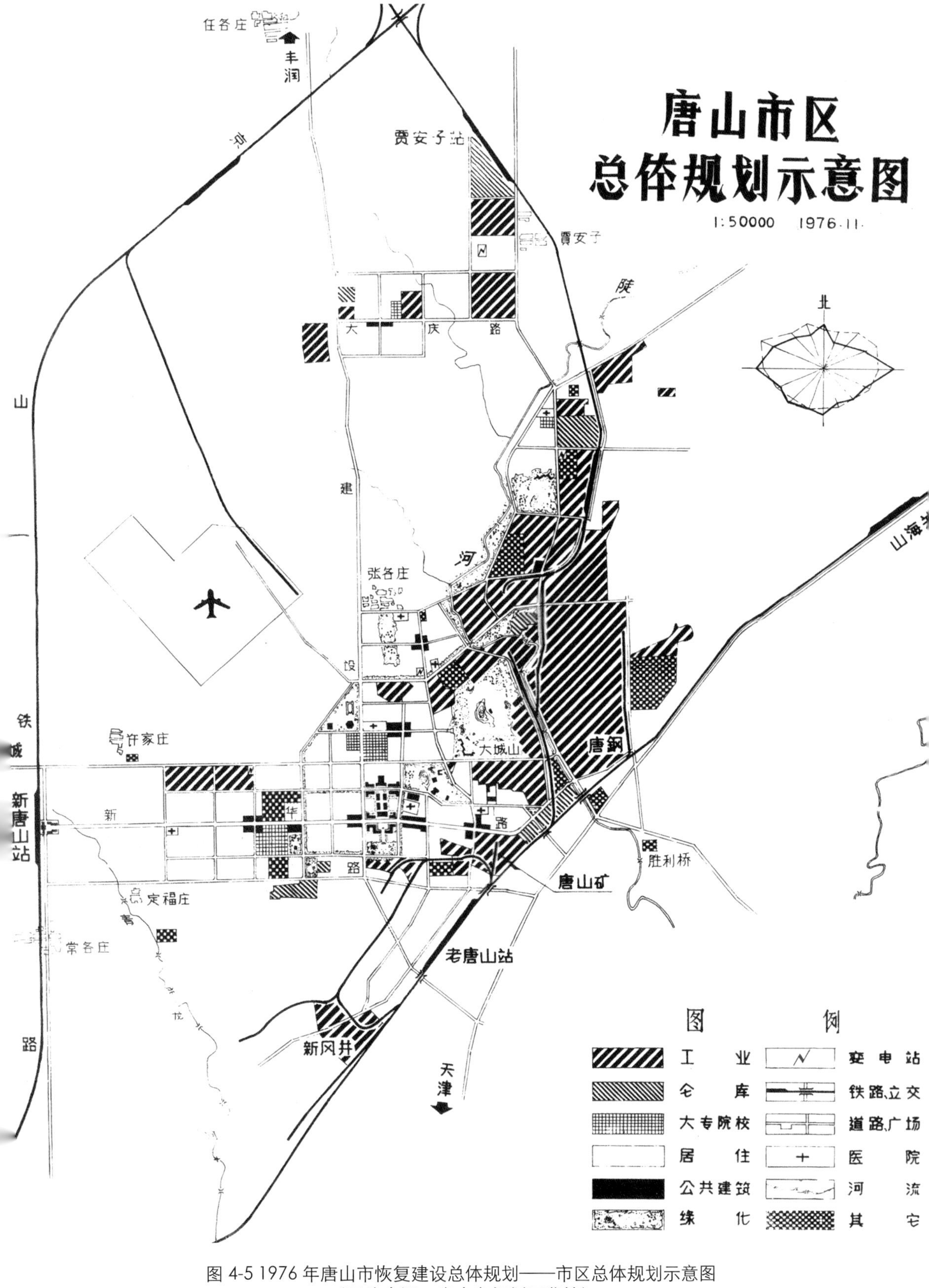

图 4-5 1976 年唐山市恢复建设总体规划——市区总体规划示意图
（图片来源：唐山市规划展览馆）

结合'、'有利生产'、'方便生活'的原则。中央、国务院原则同意你们的报告。可照此实行。希望你们在实践中，注意总结经验，对规划中不适当的地方，要及时修改；现在想不到的问题，要加以补充。"这说明当时已经认识到蓝图规划与规划实施之间的"裂隙"。

（4）规划修订阶段

地震灾害的突发性导致了整个城市体系的崩溃，震后重建刻不容缓，安置受灾群众、恢复生活生产是地震灾后规划首要考虑的问题。在此背景下编制的震后重建规划以应急性为基本原则，分阶段地进行：先确定主要的方针政策、规划结构，解决重点问题，而后逐步完善各分项规划。在高效快速完成了主要编制任务后，又经历了两次修订，对其进行了深化细化，使规划更加科学合理具有实施性。

第一次修订：1978 年春节期间，国务院及国家建委邀请了北京、天津、上海、四川、陕西、南京、广州等地的规划专家和技术人员，会同河北省建委的相关负责人在唐山召开座谈会，进一步研究探讨新唐山建设如何体现我国七十年代建筑水平问题。

1978 年 3 月，全国 14 个省市的 100 多名规划人员出现在废墟之上，对批准的重建"蓝图"进一步研究，使唐山进入了新一轮的规划深化工作阶段，包括城市道路、给排水、煤气、供热、绿化、供电等专项规划。此次规划的目的是把总体

图 4-6 1978 年 9 月 19 日邓小平
（图片来源：唐山

图 4-8 1978 年 12 月全国各地设计专家
（图片来源：唐山

唐山复建规划汇报
馆）

图 4-7 1978 年 11 月设计专家及学者研究重建唐山蓝图
（图片来源：唐山市规划展览馆）

帮助编制唐山建设规划
馆）

图 4-9 全国各省市设计院的设计专家在一起研究重建唐山的蓝图
（图片来源：唐山市规划展览馆）

规划的要求落实到城市的每一个地块。经过 3 个多月的紧张工作，工作组走访单位 1600 多个，分析计算数据 4.89 万个，绘制图表 2340 多张，制作规划模型 6 个，在这个过程中牵涉到不同部门和单位的诉求，通过座谈、协商来解决问题，最后把确定下来的规划图用图纸和系列数字表现出来。此后，由全国各大建筑设计院开始了下一步的修建性详细规划和建筑设计工作。

规划从各专业规划层面进一步增强城市的综合防灾能力，提出“绿化 + 避难”的绿地系统布局思路；城市交通方面增加对外出口，规划棋盘式主次干路网，保证防灾疏散的畅通；城市供电、供水形成多电源、多水源环形联网供应格局，有效避免单一供应存在的安全隐患，这些规划理念在当时背景下具有一定的创新性和前瞻性。

1978 年 8 月，20 多名专家又对新华道、建设路等主要街道建筑物的布局、高度、绿化等街景规划制作模型进行了专门研究，使得市中心规划和建筑方案更加完善。这一过程其实相当于城市设计，从三维空间进行细细推敲。

第二次修订：1981 年底，因为恢复建设投资缺口大等原因，中央对唐山复建实行“收缩方针”，“收缩方针”的基本精神是：压缩城市规模，控制城市人口，减少占地投资，加快住宅建设。1982 年 1 月根据收缩方针的要求，唐山市革委会制定出《唐山市恢复建设贯彻收缩方针的调整方案》。调整方案的重点是对恢复建设投资计划和城市总体规划作适当调整，本着“控制老市区，缩小新区，利用路南区”的原则，压缩城市规模，严格控制城市人口，减少占地，节约投资，调整后的规划城市人口为 76 万，用地 73.22 平方公里。其中将老市区规模扩大，人口由 25 万增至 40 万，建设用地由 27 平方公里增至 40.88 平方公里；东矿区（现古冶区）基本保持不变，人口仍为 30 万人，建设用地由 20 平方公里调整为 25 平方公里；新区规模进行压缩，人口由 10 万减少至 6 万，建设用地由 9.62 平方公里减少至 7.34 平方公里。唐山市的恢复建设就是按照这次调整后的规划实施的。

震后重建规划的主要历程如下：

1976 年 7 月 28 日，唐山大地震爆发，百年重工业城市毁于一旦；

1976 年 8 月，国务院组织国家建委城建局等专家组入驻唐山，着手编制城市规划；

1976 年 8 月 8 日，国务院联合工作组及 60 多名规划人员抵达灾区，开始设想重建的“蓝图”；

1976 年 8 月 30 日到 1976 年 10 月河北省建委组织的勘测队伍在唐山收集水文地质以及其他相关数据资料，提供规划依据；

1976 年 11 月，重建“蓝图”——《河北省唐山市城市总体规划》编制完成；

1977 年 5 月 14 日，党中央、国务院原则批准了《河北省唐山市城市总体规划》；

1978 年春节期间，国务院及国家建委邀请规划专家研究探讨新唐山建设如何体现我国 1970 年代建筑水平问题；

1978 年 3 月，全国 14 个省市的 100 多名规划人员对批准的重建“蓝图”进一步深化细化，完成各专业规划；

1979 年 9 月，20 多名专家从三维空间对新华道、建设路等主要街道建筑物的布局、高度、绿化等街景规划制作模型进行了专门研究；

1981 年底，中央对唐山复建实行“收缩方针”；

1982 年 1 月根据收缩方针的要求，唐山市革委会制定出《唐山市恢复建设贯彻收缩方针的调整方案》。

3. 规划方案

（1）有机分散思想下的重建规划

唐山因煤而兴，是以 100 多年前开滦煤矿的发展为基础建立起来的，陶瓷、煤炭、水泥等重工业是城市发展的主要产业推动力，城市建设围绕煤矿等工业区无序布局，形成了早期的商业街和居住区，城市格局由主城区和距其东部 25 公里的东矿区（现古冶区）两个片区组成，总面积 630 平方公里，人口 106 万人。受唐胥铁路和企业专用线的影响，城市分割较为严重，且工业与住宅混杂交错，缺乏合理的功能分区，区内道路狭窄、弯曲，与外界的联系不畅，长期以来成为唐山市区发展的瓶颈。因此，地震虽然给城市带来了重创，却同时为唐山根据现代规划理念、开展完善而系统的城市规划提供了契机。

从受灾情况来看，唐山的两个区片中，路南老城区受灾最为严重，而依托于矿区发展起来的东矿区（现古冶区）破坏较轻。出于震后城市生产生活安全的迫切需要，城市空间结构和选址的规划变得尤为重要。当时,城市选址有两种意见：一是原地重建，二是异地新建。立足唐山，原地重建，工程上避开局部地质不良区域，可减少搬迁征地费用，节约土地资源；有利于城市原有基础设施的利用；利于保留唐山的产业体系，传承历史文脉。而放弃唐山，异地新建则可以有效避开地震活动断裂带；空出压煤区；节省清墟费用，加快建设速度。

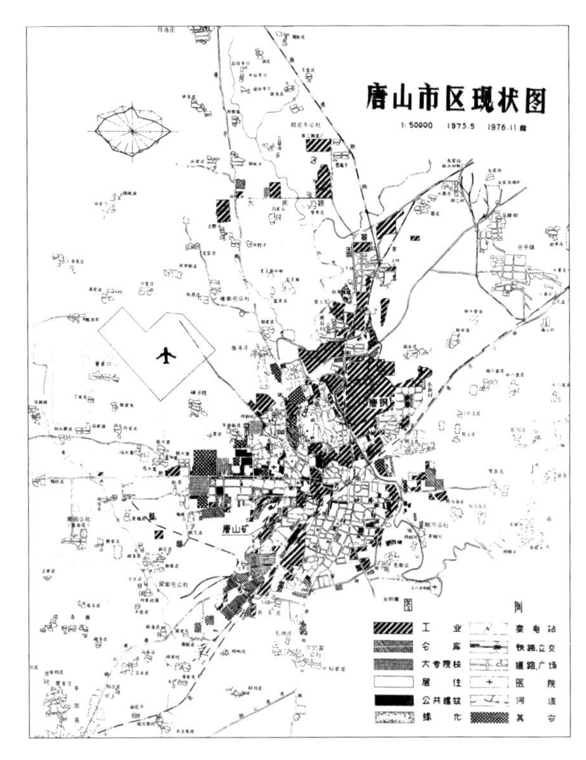

图 4-10 地震前的唐山老市区现状图
（图片来源：唐山市城乡规划局）

经过反复权衡比选，最终《唐山市城市总体规划（1976 年）》吸取了异地新建和分散建设的思想，即总体规划布局从“两大片”向“小三角”转变：在老城区安全地带的原地重建，适当向西、北发展；将机械、纺织、水泥等工业及相应生活设施迁至主城区北部 25 公里的丰润县（现丰润区）城东侧建设新区；原址复建东矿区（现古冶区）并适当发展。由此，唐山城市被有机地分散成三大片区，每个片区之间相隔 25 公里，以干道和铁路相连，从而形成南、北、东三足鼎立的“一市三城”的分散组团式城市布局结构。

虽然唐山市的重建规划采取的分散组团式发展理念更多的是反映当时社会背景下的政治要求，如积极发展小城市，严格控制人口规模，利于生产、方便生活等，但影响其布局结构另外一个重要原因还是出于抗震防灾疏散的考虑。由于城市是社会、经济和自然复合的人工生态系统，其人口和建筑物高度密集，生产和生活高度集中，车流拥挤，绿地和旷地稀少，危险源广布，在自然力和人力的作用下，城市抵御灾害的能力非常脆弱。规划按合适的规模组团式布局，组团之间为大面积的农田、水域、绿地分割，作为天然的防灾分区屏障，并通过干路与铁路保证各组团间的便捷联系，可以在当时技术手段不发达的时代下，较好地降低城市的风险，利于灾害发生时的迅速救援与疏散，一定程度上降低了财产损失。

（2）三足鼎立的新格局

重建规划打破了老唐山市区与东矿区（现古冶区）两大片区均衡发展的模式，

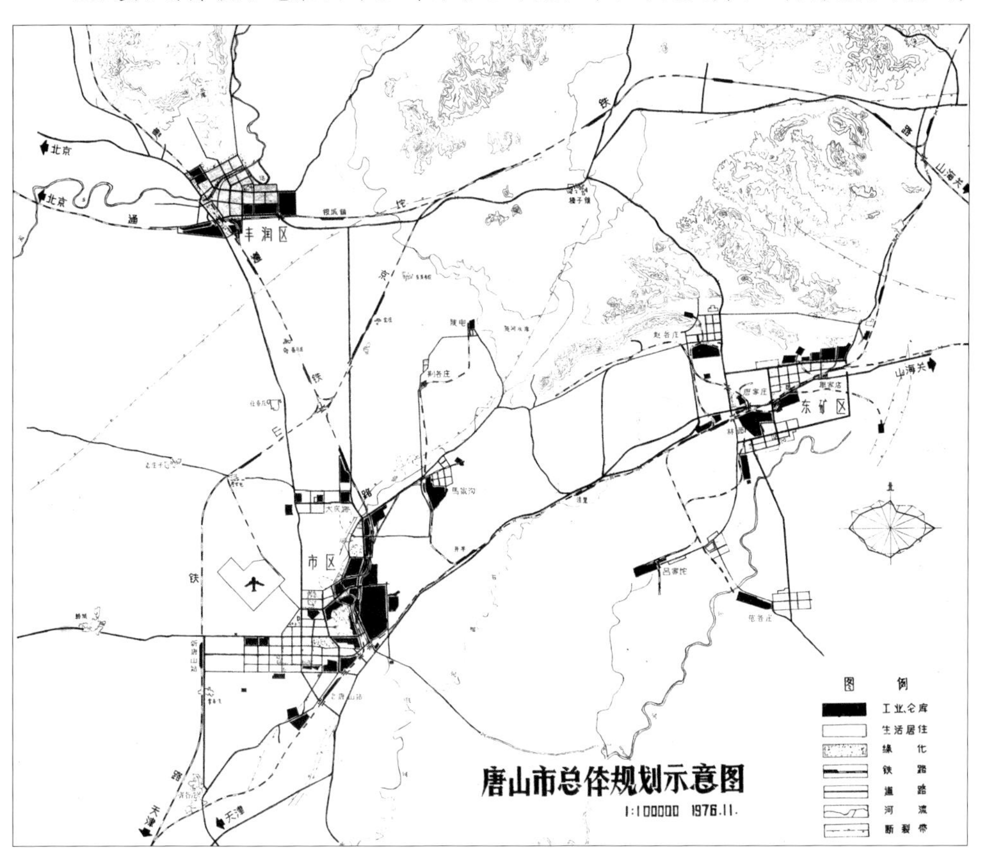

图 4-11 1976 年唐山市恢复建设总体规划——“三足鼎立”格局
（图片来源：唐山市城乡规划局）

按中小城市组团发展的理念，将唐山的总体规划布局从“两大片”向“小三角”转变，形成南、北、东三足鼎立的“一市三城”的布局结构。

老城区在原路北区重建，人口控制在 25 万人左右，用地 27 平方公里，是唐山市的政治、经济和文化中心。原路南区由于震毁严重，又是采煤塌陷区，居民全部迁出，把采煤塌陷区改造成绿化风景区，仅保留部分有代表性的地震遗址；丰润新区没有依托老县城建设，属于完全的新区建设，人口约 10 万人，用地 9.62 平方公里，是以纺织、机械、电子为主的工业区；东矿区（现古冶区）在原地恢复建设，人口 30 万人，用地 20 平方公里，是一个煤矿城镇。规划针对现状条件及发展潜力对老城区、东矿区、丰润新区三区进行了城市布局，每一个分区在城市性质及职能、规划策略等方面均有翔实的考虑，具体见表 4-1。

三片区规划概况一览表　　表 4-1

	老城区	丰润新区	东矿区（现古冶区）
性质及职能	重工业城市，是唐山地区的政治、经济、文化中心	以纺织、机械、电子产业为主的工业新区	煤矿城镇
用地规模	27平方公里	9.62平方公里	20平方公里
人口规模	25万人	10万人	30万人
规划策略	（1）老城区在路北区的基础上进行重建，路南区因大量压煤、震毁严重、工程地质条件差，规划放弃不再建设；（2）将京山铁路迁出市区、改线建设；（3）城市用地向北、向西适当扩展；（4）保留开滦唐山矿、唐山钢铁公司、唐山发电厂及陶瓷工程等用地，合理规划功能分区：以大城山为天然隔离带，陡河为界，东部、北部规划为钢铁、陶瓷、机械工业区，以西为居民生活区	（1）将路南区唐山机车车辆厂、轻机厂、齿轮厂及纺织、机械工业等38个工厂迁到新区建设；（2）新建大型水泥厂、热电厂，以产业转移带动新区发展；（3）明确功能分区，以林荫路为界分东西两部分，西部以居民生活区为主，东部以工业区为主	（1）基本在原址恢复建设，以开滦赵各庄、林西、唐家庄、范各庄、吕家坨五个煤矿为基础，形成“大分散小集中”的格局，以矿建点，形成矿区小城镇；（2）区中心由林西迁往唐家庄

1976 年后，唐山的城市建设在此规划思想的指导下，如火如荼地进行，经过十年重建，初步形成了“三足鼎立”的空间格局。但由于分散布局使得城市缺乏整体性，不利于统一管理，城镇集聚度不够，基础设施共享困难等缺点日

益突出，“一市三城”的三个城区，并没有达到均衡发展状态，十年之后也没有达到预计的人口和用地规模。

首先，1981 年底，中央对唐山复建实行“收缩方针”，规划按此方针要求对老市区规模进行扩大，对新区进行了压缩，此后，路南区重新启动，老市区的规模也不断扩大。其次，虽然放弃了路南区，采取了异地重建的思路，但出于地缘感，很多简易住房和单位还是选择了在原址重建。最后，按照规划应发展为相对独立的丰润新区，由于历史条件限制导致实施不力，新区的选址建设未实现规模经济运作。建设未与原有的丰润县（现丰润区）城融为一体进行整体的建设和开发，导致出现了较明显的面貌差异。新区的生活配套规划建设滞后，导致企业和市民的宜居意愿不强，到 1988 年入驻单位也仅达到规划预期的 20%。

（3）基于防灾视角下的专项规划

地震灾害的巨大破坏性让唐山将抗震防灾提到了前所未有的高度。因此，在震后重建规划中抗震防灾规划被赋予传统总体规划中所未曾有过的重视，尤其体现在各专项规划上。

居住区规划。民以居为本，居以安为先，尽快解决灾民的住房问题是受灾城市头等重要的大事。震后重建规划首先以大城山为天然隔离带，陡河为界，将居住与工业进行合理分区，并保证与工业区有一定的防护距离，居住用地主要布置在新华路、文化路、建设路、小窑马路及钓鱼台一带。受苏联城市规划模式的影响，当时国内基本以居住街坊作为居住区规划的结构形式，规划按 3 ～ 4 万人为一个街道办，占地 60 ～ 100 公顷，分为 3 ～ 5 个小区（街坊），每个小区（街坊）0.8 ～ 1 万人，占地约 20 公顷，小区自成系统，便于生活，利于抗震[1]。公共服务设施按居住区和居住小区两级配置，配建街道办、派出所、中小学、幼托、商店等设施。小区平面布局力求简洁，住宅以行列式为主，用条式结合点式的楼型调节布局；住宅以 4 ～ 5 层为主，适当安排 6 层住宅；每户建筑面积 46 ～ 52 平方米，1 ～ 3 个住室、独立厨房、厕所。居住小区都较好地预留

[1] 参阅 1976 年《河北省唐山市城市总体规划》.

了公共绿地位置，使人均公共绿地在空间上有了保障。

上述规划理念引领一时，开创了居住小区规划的先河。例如河北 1 号小区确定的“四菜一汤”的规划结构成为此后小区设计中比较常用的模式。又如道路划分为小区干道、支路、宅前小道三级，为保证城市主干道的车速，在主干道不应设置出入口等理念对小区的规划设计及居住区规范的制定都起到了积极的作用。

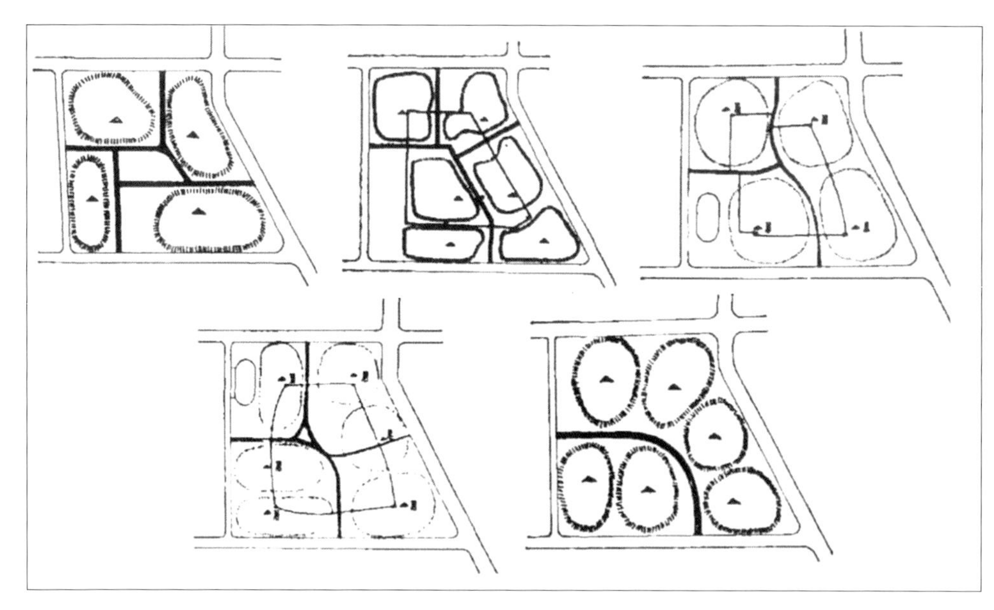

图 4-12 河北一号小区不同的规划结构
（图片来源：张乾源，朱亚新 . 唐山市小区规划和住宅建筑设计方案评价）

重建的小区将抗震防灾的规划原则贯彻始终：楼房间距采用檐高 1.7 倍进行布置，建筑密度控制在 25% ～ 30% 左右，区内设置绿地作为疏散场地，并加设取水措施。建筑单体按照 VIII 度进行设防，并采用“内浇外挂”、“内浇外砌”、“砖混加构造柱”等结构型式提高抗震能力。

公共建筑。结合居民的实际需要，考虑到交通便捷，使用方便，主要公共建筑布置在新华道、文化路和建设路之间，包括行政办公、文化娱乐、体育健身、医疗卫生等设施，商业设施按市级、居住区级、小区级三级配置。

规划各类房屋均按抗震 8 度设防，大型公建采用框架结构，平面形式简单，长宽比例合适，刚度和重心均匀。采用轻型材料，减轻建筑物的自重，注意加强构件之间的联结，对易倒、易脱落的构件（如阳台、女儿墙等）采取抗震的结构措施，对重要建筑物提高一度设防进行验算。

绿地规划。改善环境，美化城市，因地制宜地建设点线面相结合的绿化体系。调整扩大大城山、凤凰山等公共绿地；利用塌陷区、废墟地植树造林；加强陡河沿岸绿地建设；开辟林荫大道将主要公园绿地串联。规划后人均公共绿地指标由震前 3.4 平方米提高到 5.0 平方米左右。

城市绿地是防灾减灾的重要“柔性”空间。唐山重建规划大幅增加绿地面积，通过绿地草坪截留降水、土壤吸收等途径调控径流速度和流量，对防洪、抗旱、保持水土起到积极作用，并将其中规模适宜、地质条件较好的公园绿地作为震后的避难场所，保障人身安全。同时，绿地还可以对自然、人为以及地震引起的次生灾害——火灾，起到有效地切断火灾蔓延、减少财产损失的作用。

图 4-13 唐山凤凰山公园
（图片来源：《唐山百年》）

图 4-14 唐山恢复建设中的主要疏散通道—建设路与新华道
（图片来源：《唐山百年》）

道路交通规划。改善市区原有道路系统不完善，道路密度小，道路狭窄弯曲，丁字路口多，受铁路分割交通阻塞严重的情况，规划采取开辟干道，打通丁字路，裁弯取直，加宽红线等措施，建成四通八达"棋盘式"道路网。规划主要干道红线宽度 40 ~ 45 米，次要干道 30 ~ 35 米，支路 20 ~ 25 米。吸取震后救援力量进城困难的教训，震后规划确定了每个方向两条进出道路；在城市入口沿主要公路布设停车场地。

道路交通系统是城市防灾减灾系统中的生命线之一，担任灾时应急救援、疏散、避难等任务。灾害发生后，城市道路被破坏或堵塞，是城市陷于瘫痪的主要原因之一，因此规划将主要的疏散通道规划了 45 米的足够宽度，增加了城市出入口，使得每个方向的出入口达到两个以上，确保与北京、天津、秦皇岛等邻近城市的交通联系，以保证灾后疏散和救援的畅通。同时设置停车场可作为灾害时的应急疏散场地。

市政工程及防灾规划。充分考虑抗震防灾要求，统筹考虑城市供水、供电、通讯、排水、防洪等设施的布局，各市政专项保证多源头供应，如给水工程采用多水源分区环形供水方案，管道敷设采用柔性接口，并积极提倡使用地表水，减少对地下水的开采。保留城市和农村自备井，在广场、公园和小

图 4-15 震后高度设防的唐山新区
（图片来源：唐山市规划展览馆）

区绿地内设置取水栓和地下消火栓，作为灾时应急水源和消防用水；供电采用多电源环形供电，防止一处电源破坏而全部停电；通信采用有线、无线相结合，机房分建的方法，利于震时的通信联络；排水方面逐步建立完善的雨污分流系统，雨水结合地形就近排入陡河与青龙河。划分污水分区，设置两座污水处理厂;防洪方面将处于城市上游的陡河水库堤坝按抗震要求进行加高、加宽、加固。陡河河道按百年一遇的防洪要求，加宽河道，截弯取直，加大排洪能力，保证城市安全；确定了唐山市新的地震烈度为8度，同时将城市生命线工程设防标准适当提高到9度。

（4）特定时期重建规划的特点与遗憾

唐山城市的飞速发展离不开最初唐山震后重建规划的指导。在当时特定的历史时期，唐山震后重建规划具备鲜明时代特征，这些时代特征不仅有力地保证了重建规划高速度、高质量地进行，不少方面也具有开创性，为中国城市规划事业作出了较重要的贡献。

“举国之力”下的“集体意识”。震后唐山是完全按照城市规划指导建设起来的我国第一座百万人口的大城市。其震后规划过程“举一国之力”，几乎囊括了中国规划界最重要的专家，反映了中国20世纪70年代规划界的“集体意识”，体现了致力于物质空间重建的特定时代特色。吴良镛、周干峙、戴念慈、董鉴泓、鲍世行等规划界前辈都曾辛勤工作于斯，令其具有了规划历史的标本意义。特别是处在“十年动乱”结束、城市规划的第二个春天来临之际，唐山震后规划相当于组织了一次国内规划学界的“动员”与“交流”活动,起到了整合思想、统一技术标准、互通有无的作用。更重要的是城市规划从国家层面开始受到重视，为我国的城市规划发展奠定了基础，成为规划历史的重要节点。

分散的组团式城市布局。在特定的政治背景下，重建规划按照“还是搞小城市”的思想，基于现状功能，发展小城镇，严格控制城市人口规模，将城市有机地分散成三个大片，形成了南、北、东三足鼎立的格局，使唐山形成了典型的组团式布局结构。各组团个性突出，分散式组团的布局也促成城乡交融，增大环境容量，利于整体城市环境保护。同时，震后规划也自觉地应用了区域规划思想，考虑了唐山与北京、天津、燕山山脉的空间关系，将恢复建设新唐山的规划同整个冀东地区的经济发展结合起来，已经完全不是就唐山论唐山，而是具有成熟的区域规划视角。

一直到21世纪初，唐山市还保持着震后规划所确立的组团式城市空间结构形态。此外，震后规划所确立的组团式城市空间结构思想和形态还导致了现在大唐山格局的形成，对现今唐山城市的腾飞性发展有着积极的作用[1]。

合理的功能分区。20世纪70年代末期中国的城市规划较为滞后，唐山作为工业密集地带,城市建设被割裂在各个部门展开,城市无序发展,功能分区混乱。虽然新中国成立后唐山制订 过几版城市规划，但都没有得到有效执行。

震后规划着重以解决实际问题为导向，受《雅典宪章》功能主义思潮的影响，规划以大城山和陡河为天然屏障，合理地划分了轻工业区、居住区、仓储区和休闲区等四大功能分区，力求改变震前城市的混乱状况，解决工业居住混杂，工业污染严重，缺乏空地及严重的卫生问题，适应广大居民生理及心理的最基本的需求，引导城市向科学的方向发展。可以说，明确清晰合理的功能分区深深地影响了唐山的城市建设，后期的几版规划均是在早期功能分区的基础上进行的深化和完善。

高度设防的安全城市。正如前文所述，震后的震后重建规划给予抗震防灾规划以传统总体规划中所未曾有过的重视，其对抗震防灾的侧重性成为一大特色。就编制流程而言，重建规划也是遵循地震、地质部门提供的相关地质评估资料进行规划布局的统筹考虑，与一般城市总体规划编制中只以抗震防灾专项规划来贯彻其防灾抗灾理念不同，震后重建规划将抗震防灾的规划原则贯彻始终，从城市结构形态、设防区划、避震疏散、生命线工程到防止地震次生灾害等都在总体规划的布局以及各项专业规划中加以贯彻和体现。以此为契机，城市规划领域开始将防灾、减灾纳入了规划工作之中，提升了全国城市对防灾减灾的重视程度。

以人为本的无障碍设计。大地震造成了242769人死亡，164851人重伤。

[1] 沈青基，马继武. 唐山地震灾后重建规划：回顾、分析及思考[J]. 城市规划学刊，2008，（04）：17-28.

其中，唐山市区震亡135919人，重伤81630人；有7200多个家庭绝户，近万个家庭解体；有2652名16岁以下儿童成为孤儿，895人成为孤老。重建规划对受灾人民中“三孤”（孤儿、孤老、孤残）未来生活所需要的一系列社会服务设施（包括无障碍交通）都予以了精心的考虑。

震后仅几个月时间，市区和大部分县建起了截瘫疗养所；1979年，建成占地40余亩、建筑面积8000平方米的截瘫疗养院；重建基本完成之后，在新唐山振兴的凯歌声中，建成河北省第一个达到国际无障碍设计标准的残疾人教育中心，建成中国第一个康复村。建筑设计无时无刻不体现着人文关怀：病房全部朝阳，没有台阶和门槛，临床的墙裙可随意拉开，截瘫人能从床上直接进入浴室、厨房和储藏间……以人为本的设计理念，贯穿期间，人们在这样的居住环境里，自由自在地生活，并从力所能及的劳动中找回自信[1]。

新唐山住宅的无障碍设计，体现了地震前后城市建设的差异，也昭示了社会文明的进步。

广泛的公众参与。震后重建规划有一定程度的公众参与，规划过程中规划师走访大量工作单位，对不同的诉求通过座谈、协商来解决问题，征求群众意见，并根据当地群众的要求进行规划调整。将公众参与贯穿整个规划过程，体现连续性和互动性，初步形成了参与—反馈—再参与的机制。可以说，在当时的年代和特殊的政治背景下，能够做到广泛的公众参与是难能可贵的。

当然由于地震的突发性，考虑到灾民的及时安置及迅速恢复生产、重建家园的实际情况，城市建设中也难免有些遗憾。

功能主义，非人性化的城市空间。震后的唐山，可以说是在一张白纸上完全依照城市规划建设起来的，理性的规划虽然经过深思熟虑，但过多的执着于城市的功能分区，生活的多样性受到了前所未有的压制。城市的生活秩序和生活方式被机械地规划，忽视了“人”的自发性和非正规性，导致了较多的非人性化空间。

作为集科学技术与公共政策于一身的规划，是以技术为主导的静态成果文

[1] 程才实. 唐山重建的成功与遗憾——追忆唐山大地震后的住宅建设［J］. 住宅产业，2008，（12）：14-17.

件，无法消除因时间差异所带来的发展环境变迁与主体价值选择变迁；同时也无法保证城市建设项目与规划预期的一致性和时效性，这就要求规划方案应该具有弹性，规划编制体系应建立动态调整机制，给予理性生活更多的生长空间，重视自发性和非正规性,努力为居民塑造良好的人居环境,真正实现"以人为本"。

未完全避让断裂带，城市发展存在安全隐患。地震使得百年重镇唐山毁于一旦，吸取灾难的经验教训，在唐山重建前，城市的选址着重考虑了防灾安全因素，进行了一系列的工程地质、地震地质、水文地质等综合性勘察，包括结合基地的地质条件，避开软质土，根据地质条件进行评价，避开地震断裂带、跛脚、泛洪区等危险区域。在地震的极震区，出现了一条长约 10 公里的构造性地裂群，呈雁行式排列，对城市建设和发展极为不利。为此，规划将地处活动断裂带附近的唐山机车车辆厂、地处砂土液化区的唐山齿轮厂、轻机厂等大型工厂搬出路南区,迁往开辟的新区安排建设。选择一些地质条件相对较好的地段，适当安排部分 2 ～ 3 层住宅和商业网点。

虽然规划采取了避开断裂带，异地重建的思路，但事实上当地居民和企业单位对这种方式并不十分认可，出于地缘感，城市建设还是落入了"原地重建"的套路[1]。老城区原本规划只建设路北地区，而路南不再新建，留为公园和空地；但实际上在路南区很多简易住房和单位迅速在原址重建，到 1980 年已经达到 17.4 万人口，与"异地重建"的设想背道而驰。尤其是 1981 年后，为认真贯彻"收缩"方针，恢复建设中提出了"控制老市区，缩小新区，利用路南区"的原则，根据开滦矿区提供的采掘计划和物探资料，避开近期采煤波及区和坍陷的土地进行路南区的恢复建设。此后路南区的恢复建设是在废墟整理的基础上，甄别现状逐渐进行的，缺乏统一规划，单位、居民自建较多，受当时的认识能力和科技水平所限，很多均位于地震断裂带的控制范围内，城市建设的部分地区没有完全避开地震断裂带，存在着安全隐患，终究是一个遗憾。

既然重建，就应尽量防患于未然，运用现代科技手段，对这一区域进行全面勘察，统一科学规划，让城市避开"地震断裂带"。在相对安全的区域重新建

[1] 张纯，张洋，吕斌. 唐山大地震后重建与恢复的反思：城市规划视角的启示 [J]. 城市发展研究，2012，19 (05)：119-125.

设，不仅是唐山大地震后重建的宝贵经验，有利于地方的长治久安和发展经济，更符合科学发展，更有利于一个新城市的崛起。

图 4-16 没有地方特色、千篇一律的住宅小区
（图片来源：唐山市规划展览馆）

美学禁忌，城市的千篇一律。1976 年唐山地震时正值中国文化大革命后期，反对修正主义、警惕修正主义毒草的危害、抵制资本主义的物质刺激是社会主旋律。震后规划与设计普遍呈现出禁欲主义的特点，建筑设计中建筑面貌的“清心寡欲”也是此意识的流风余绪，成为当时最普遍的场景，这是一个时代的缩影。直到“文革”结束以及邓小平同志视察讲话后，美学忌讳才慢慢开始解除[1]。虽然云集了全国各地的建筑师，设计出许多优秀的、使用价值较高的住宅蓝图，但为了追求速度，尽快建设应急住房安置受灾群众，迅速恢

[1] 王刚，赵振中，姜永清，李娜．唐山震后规划过程简述 [J]. 西部人居环境学刊， 2014， 29（04）：84-91.

图 4-17 地震遗址——原唐山机车车辆厂铸钢车间
（图片来源：唐山市规划展览馆）

复生活生产，同一张施工图纸反复使用，千篇一律而没有地方性特色的建筑现象严重。“方盒子”处于绝对垄断地位，许多公建的“模样”也较“拘谨”，难寻令人眼睛突然一亮之境界，城市的景观不免有些呆板。

拆除重建，地震遗址的遗失。唐山大地震是唐山人民和全国人民的灾难，也是人类的灾难。但大地震同时又给唐山留下了宝贵的、特殊的资源，是一笔带血的人类文化遗产。地震之后，由于当时主客观原因，除了少数几处外，很多本应保留下来的大面积的能给人视觉冲击和心灵震撼的地震遗址，被当成废墟清理掉了，它们的影子只能从目前幸存者的记忆和发黄的老照片中去寻觅，这不能不说是唐山大地震留下的又一个遗憾[1]。

目前，唐山市共保留下7处地震遗址，分别为华北理工大学原图书馆楼、原唐山机车车辆厂铸钢车间、原唐山十中、唐陶办公楼、唐钢俱乐部、吉祥路口及牛马库。其中华北理工大学原图书馆楼、原唐山机车车辆厂铸钢车间、原唐山十中在2006年被列为国家重点文物保护单位，这也是全国仅有的几处地震遗址“国保”单位。

在这7处地震遗址中，华北理工大学图书馆是所有遗址中保存、保护得最

[1] 许建起. 唐山昔日遗憾今当避免 [J]. 中国老区建设，2008（07）：15-17.

好的一个，也是知名度最高的一个。地震中，图书馆阅览室西部倒塌，东部震裂但未倒，书库底部全部破碎，2 ~ 4 层仍为一整体，并向北向东方向剪切移动 1 米。其被毁后现状保留了地震时地面发生水平运动留下的痕迹。

原唐山机车车辆厂铸钢车间，在地震中受严重破坏，车间两端墙柱倒塌倾斜，屋架全部落地，仅中间支柱未倒，是面积最大的遗址，目前已经作为地震遗址公园的一处景点供参观学习。

图 4-18 地震遗址——华北理工大学原图书馆遗址

过去，人们在对地震遗址的保护上，也存在认识误区。认为被地震震坏了的东西才是遗址。其实这是错误的。震坏的要加以保护，没有震坏的——这在唐山大地震时留下的很少，更应加以保护。也许它们对于地震乃至建筑的研究价值并不比震坏的东西低。遗憾的是，那些留下来的极少数也在城市建设中被拆掉了。深刻认识这笔遗产，无疑也是一种进步。

三、十年后的繁荣

几乎与改革开放同时，1979 年下半年，唐山拉开了全面重建大幕。

地震后房屋倒塌，到处都是废墟。据估算，重建唐山需要立即清理出去的废墟，多达 3000 万立方米，如果码成 1 米宽、2 米高的城墙，可以超过万里长城的长度[1]。据《唐山市志》记载，在党中央、国务院和河北省政府的支持下，解放军基建工程兵、铁道兵和河北省各地市，以及省属、部属建筑企业，陆续来到唐山支援建设[2]。在新华道口，在火车站前，来自全国各地的 100 多个援建单位昼夜不分地抓紧施工。在 1976 年版规划的指导下，唐山人民在极端困难的情况下，迅速完成了重建复兴工作。

1986 年 7 月 28 日，中共河北省委、河北省人民政府在新建成的唐山抗震纪念碑广场召开“唐山抗震十周年纪念大会”，大会正式宣布，唐山震后的恢复重建已基本完成。

几世经营的繁华之地，并不可能在短期内重现。在世界地震史上，大地震后要建一座功能齐全的城市，一般需要几十年甚至上百年的时间。1906 年美国

图 4-19 1986 年 7 月 24 日，在新建成的唐山抗震纪念碑广场召开“唐山抗震十周年纪念大会”
（图片来源：唐山抗震纪念馆）

图 4-20 复建中的唐山新华道与建设路（1984 年）
（图片来源：《唐山百年》）

[1] 李俊义，任丽颖，高博. 唐山：废墟上重生“凤凰城”[N]. 经济参考报，2016-7-27.

[2] 河北省唐山市地方志编纂委员会. 唐山市志 [M]. 北京：方志出版社，1999.

旧金山地震重建用了三十年，1923 年日本关东大地震重建用了二十年，而唐山仅用了十年时间就完成了恢复建设。

经过十年的辛勤建设，一座新唐山矗立在人们面前。新唐山发生了实质性的变化，比震前的唐山更雄伟、更壮丽，城市布局更加合理，城市面貌焕然一新：高楼林立、街道整齐、绿树成荫、花草繁茂，新唐山大放异彩。

从 1978 年开始，唐山的恢复建设正式铺开。最早恢复建设开工的是居民住宅。1978 年 4 月，省建委、市委在国家建委、中国建筑协会的协助下，召开规划和住宅设计研讨会，参加会议的有各省市设计院代表和专家学者 192 人，优选出两个居住小区示范方案和二十五个住宅设计方案[1]。1978 年 9 月，河北一号小区正式开工兴建之后，赵庄楼、曙光楼、机场路楼、山西北里、山西南里等一大批居住小区陆续开工新建。新建住宅的建筑结构、层数、室内设施都按当时的先进标准设计，为抗震性能较好的“内浇外挂”、“砖混构造柱”等结构的多层住宅楼。小区内设有商业、小学、幼儿园等，生活设施齐备，并预留了公共绿地作为避难场所，彻底改变了地震前房屋低矮简陋、楼房数量少、生活设施落后的状况。到 1986 年年底，市区共建成住宅面积 1218 万平方米，人均居住面积达 6.3 平方米，高于全国城市平均水平[2]。

图 4-21 机场路居民小区建设工地（1979 年）
（图片来源：《唐山城市记忆》）

新唐山的道路系统功能完善、级配合理，街道宽阔平坦。新华道是市区最宽最长的一条道路，从东到西达 9 公里。以新华道为中心，平行建成七条主要

[1] 河北省唐山市地方志编纂委员会. 唐山市志 [M]. 北京：方志出版社，1999.

[2] 国家住宅与居住环境工程技术研究中心，唐山市城市规划学会 . 唐山市震后三十奶奶住宅规划建设回顾 [C]. 住宅规划设计与发展趋势研讨会文集 .2006.

道路。南北向以建设路为中心，平行建成九条主要道路。全市共有主干道、次干道和支路五十多条，全长 150 多公里。新华道、建设路、北新道这 3 条主要道路，路面宽 40 米至 50 米，断面形式为三块板，其他道路也都在 20 米以上，这在当时全国的大中城市中也是不多见的[1]。重建后的唐山市不仅市内交通方便，通往周围城市和县区的交通也很发达。京山铁路、通坨铁路、唐遵铁路以及唐古、唐丰、丰古等公路互相连接，形成了四通八达的交通网络。

办公与商业建筑也成为新唐山建设的重要部分。市区规划在西山道北侧、建设路两厢集中布局办公建筑，并在这一带形成行政中心。市区恢复重建中，相继建成了现代化的唐山百货大楼、唐山宾馆、唐山饭店、唐山大酒店等，还恢复建成了建国路商业街，改变了震前大多数商铺是砖混结构的平房、数量少、层次低的状况。新建的燕山影剧院、开滦唐山矿俱乐部等文娱设施，华北煤炭医学院、唐山教育学院、唐山学院、唐山工人医院、开滦医院、唐山工人体育馆、唐山体育馆等构成了新的城市亮点。

公园的恢复建设纳入城市规划中。凤凰山公园，在地震中受到了严重破坏，经整修重新开放，新建了许多亭、榭、楼、阁等，成为市区功能最齐全的公园。人民公园重新规划，扩大面积，划分不同的功能分区，并扩湖堆山，为纪念中国共产主义的先驱李大钊改成“大钊公园”。根据城市总体规划，将大城山在原来绿化的基础上建成全市最大的综合性公园。此外，在市内的部分区域，建成

图 4-22 凤凰山公园（1982 年）
（图片来源：《唐山城市记忆》）

图 4-23 开滦医院 （1986 年）
（图片来源：《唐山城市记忆》）

[1] 唐山市城乡规划局 . 城市足迹 [M]. 北京：当代中国出版社，2014.

了一些开放性的小公园，如静园、华岩园、曙光园、燕京园等。

新建的广场位于市中心的新华道中段南侧，纪念碑位于广场南部，其设计理念主要是体现人定胜天的抗震精神，已成为新唐山最有代表性的地标性建筑。广场西侧建有“唐山抗震纪念馆”，广场周围建有绿化带，植以乔木和草坪。

在城市建设发展的同时，各项社会事业蓬勃发展。为大地震所毁坏的唐山教育事业，经过几年的恢复之后，进入了新的发展时期。特别是 1982 年以后，在巩固、提高的基础上获得较大的发展。普通教育、各种形式的成人教育以及成人职高中专等雨后春笋般地发展起来。普通高等学校由震前的 2 所发展到 1984 年 4 所，高校在校学生由 1975 年的 170 多人增加到 1985 年的 3200 多人。其余各类学校也都有不同程度的发展。文化艺术事业也得到了迅速的恢复和发展。截至 1984 年年底，全市共有专业剧场、电影院 21 个，对外开放的企事业礼堂、俱乐部 46 个。农村影剧院（场）67 个；文化（群艺）馆 16 个，乡镇文化站 380 多个；各级各类电影放映单位 1300 多个；公共图书馆 11 个，藏书 85 万册，专业艺术表演团体 13 个[1]。

震后的医疗卫生工作也有长足的发展。1984 年年底，全市卫生系统各类医疗保健机构已有 500 多个。其中市直属综合医院四所，县区医院十五所，中医医院六所，专科医院六所，此外还有卫生防疫站、药检所、中心血站、医学科

[1] 河北省唐山市地方志编纂委员会. 唐山市志 [M]. 北京：方志出版社，1999.

图 4-24 体育场（1984 年）
（图片来源：《唐山城市记忆》）

图 4-25 西郊污水处理厂（1984 年）
（图片来源：《唐山城市记忆》）

学情报站等单位。震后还新建2所比较大的医院，即新区医院和唐山市卫生学校附属医院。到1984年年底，全市共有床位8000多张。

由于在救灾中贯彻了一手抓群众生活，一手抓生产恢复的方针，因而唐山市的工业生产在震后2年多的时间里，即1978年年底便基本上得到了恢复。到1979年年末，无论企业数目、总产值等均已超过震前水平。但是，唐山市城市经济的真正起飞，还是在1979年即党的十一届三中全会以后。唐山在经济发展中进行改革，改革又推动了城市经济的飞跃发展。

在改革开放的推动下，唐山市在城市经济体制改革方面，坚持对外开放的方针，外引内联，积极推行横向经济联系。如通过各种渠道同外商接洽，引进资金和技术；以大厂为依托，实行多种经济联合；各区县突破条块分割、区域封锁的界线，同外地建立起各种经济协作关系等。同时，狠抓了企业的技术改造和技术进步。1984年技术改造在建项目191项，安排投资720多万元，完成158项，完成投资4700多万元。这些改造项目和新产品开发项目如期完成，有力地推动和促进了产品升级换代。1984年，全市共有57种产品获省优质奖，17种产品获部优质奖[1]。

唐山市的几个大型企业也都在恢复中获得了新的发展。开滦煤矿是全国著名的煤炭基地。经过十年的恢复建设，残垣断壁不见了，一栋栋楼房拔地而起，

[1] 河北省唐山市地方志编纂委员会. 唐山市志[M]. 北京：方志出版社，1999.

26 华北煤炭医学院（1986年）
图片来源：《唐山城市记忆》）

图4-27 唐山钢铁公司第二炼铁厂正在加紧建设（1988年）
（图片来源：《唐山城市记忆》）

一座座井塔耸入云霄，到处是一片车水马龙的景象。至1986年末，开滦已拥有9个生产矿井，13万余名职工，矿井设计能力为1380多万吨，并打破多项采煤、掘进、开矿的全国纪录。唐山钢铁是河北省大型钢铁企业之一。1979年全公司产品产量、质量、消耗、劳动生产率等各项主要经济技术指标达到了1975年水平。

1986年，作为唐山恢复重建基本完成的一个节点，也为国内迎来第一个改革开放高潮。在十二届三中全会作出的《关于经济体制改革的决定》的指引下，唐山市的经济体制改革又向前推进了一大步。在把经营自主权归还企业，完善以承包为主要形式的经济责任制，按照政企分开的原则改革机构，打破条块分割、发展横向经济联系等方面，做出了新的努力，取得了新的成绩。

唐山震后重建的做法得到了全世界的认可，各种荣誉也随之而来。

1990年11月13日，北京新大都饭店灯火辉煌，在这里，唐山市人民政府以其抗震救灾重建家园，解决百万人口居住问题的突出成绩，获得了联合国人类住区（生态环境）中心颁发的“人居荣誉奖”，唐山成为国内首个获此殊荣的城市,唐山市政府自此载入联合国“为人类居住发展做出杰出贡献”的组织史册。一块流光溢彩的牌匾，把唐山载入联合国“为人类住区做出贡献”的城市之列。在颁奖仪式上，时任联合国副秘书长、联合国人居中心执行主任托马昌德兰对唐山市灾后恢复重建给予充分肯定：“这是以科学和热情解决住房、基础设施和服务问题的杰出范例。唐山的经验表明，人民的积极参与对改善灾后人类居住条件起到重要作用。”[1]

图4-28 唐山市人民政府荣获联合国“人居荣誉奖”
（图片来源：唐山市规划展览馆）

[1] 河北省唐山市地方志编纂委员会. 唐山市志 [M]. 北京：方志出版社，1999.

四、半个世纪以来的规划编制历程

震后十年取得的辉煌成就，离不开科学、系统、完善的城市规划的指导。由于城市规划的实质在于合理利用城市的土地和空间资源，协调城市功能布局以及进行各项建设的综合部署和全面安排，故而其着眼点远离建筑物质形态而偏向于社会的整体平衡，具有较强的公共政策属性，其对城市的发展起着至关重要的作用，因此，对半个世纪以来的规划编制历程进行系统回顾是十分必要的。

新中国成立以来，唐山市城市总体规划的编制经历了五个关键阶段：新中国成立初期，唐山作为北方工业重镇，城市建设以工矿点和生活区为核心；1956 年编制的规划总图初步设计是唐山市第一个正式的城市总体规划，初步确定了城市性质和发展方向；1976 年唐山大地震将百年工业城市夷为平地，震后，国务院迅速组织知名专家团队开展规划编制工作，在 1976 版重建规划的指导下，历经十年恢复建设，唐山市从废墟中迅速崛起；改革开放后，历经 1985 版、1994 版总体规划，唐山市得以快速发展，城市建设逐步向沿海推进；随着丰南

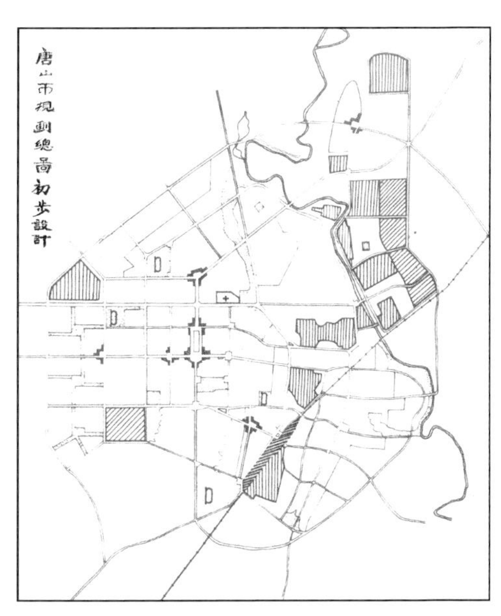

图 4-29 1956 年《唐山市规划总图初步设计》
（图片来源：唐山市城乡规划局）

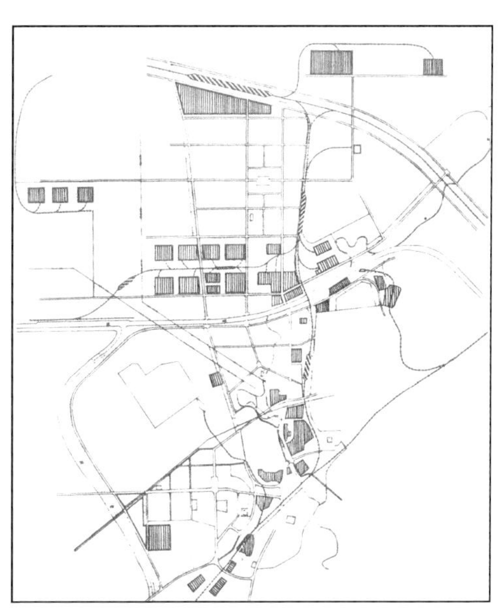

图 4-30 1963 年《唐山市市区城市规划几个问题修改意见的草案》
（图片来源：唐山市城乡规划局）

区划入中心城区、曹妃甸全面开发建设，2011 版总规对城市发展空间进一步拓展，中心城区——曹妃甸区“两核”格局初步形成。

1．1976 年以前的城市总体规划

在新中国成立前，唐山市的城市建设基本处于盲目发展状态。1956 年编制的《唐山市规划总图初步设计》是唐山市第一个正式的城市总体规划，规划确定了城市性质为重工业城市。规划的指导思想是利用旧城进行改造，城市规模按 35 万人规划，占地面积 39.76 平方公里，将城市分为工业区和生活区东西两部分，确定市区向铁路北、西刘庄一带发展。这是唐山市第一个正式的城市建设规划。

1963 年，《唐山市市区城市规划几个问题修改意见的草案》对 1956 年版总规进行了调整和充实。提出城市工业在充分利用煤炭、矾土、陶瓷与原料的基础上适当发展，与原料无关的工业应当严格控制发展，人口限定在中小城市的标准上，远期（1978 年）市区人口控制在 43 万人左右。

在“文化大革命”期间，城市规划工作基本停顿。到 1976 年唐山大地震前，唐山城市建成区面积 66 平方公里，人口 70 万，分路南、路北、东矿（现古冶区）三个区，其中市区建成区面积 33 平方公里，人口 38.2 万，城市布局比较混乱。

2．1976 年震后《唐山市恢复建设总体规划》

震后，在国务院联合工作组和各地规划技术人员的指导帮助下，于 1976 年 11 月底编

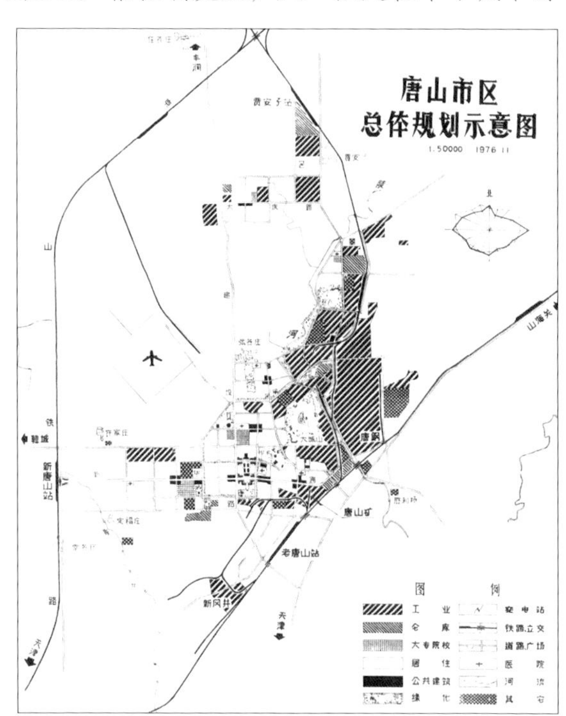

图 4-31 1976 年《唐山市恢复建设总体规划》——市区总体规划示意图
（图片来源：唐山市城乡规划局）

制完成《唐山市恢复建设总体规划》，1977 年报经中共中央批准。

如前文所述，此版重建规划按中小城市组团发展的理念，打破了老唐山市区与东矿区（现古冶区）两大片区发展的模式，形成老市区、东矿区（现古冶区）、新区三足鼎立的布局结构。老市区在原路北区基础上建设，城市用地向北向西适当扩展，用地 27 平方公里，人口 25 万人。东矿区（现古冶区）基本在原址恢复建设，以开滦赵各庄、林西、唐家庄、范各庄、吕家坨五个矿为基础，以矿建点，形成矿区小城镇，区中心由林西迁往唐家庄，用地 20 平方公里，人口 30 万人。在老市区以北 25 公里丰润县（现丰润区）城东侧建设新区，将路南区的 38 个工厂迁到新区建设，并新建大型水泥厂、热电厂，用地 9.62 平方公里，人口 10 万人。

《唐山市恢复建设总体规划》吸取地震的经验教训，规划在各方面都体现了抗震防灾的主导理念，对震后的复建工作起到了积极的指导作用。由此，唐山城市规划工作进入了一个崭新阶段，规划成为唐山市改变城市面貌，发展社会主义新兴城市的蓝图。

3. 1985 年《2000 年唐山市市区城市建设总体规划》

1984 年为改革开放初期，唐山市作为国家能源、原材料基地，重点开发开滦煤炭、司家营铁矿资源，按照京津唐国土规划，开发王滩钢铁基地，扩大钢铁、水泥、电力、化工、

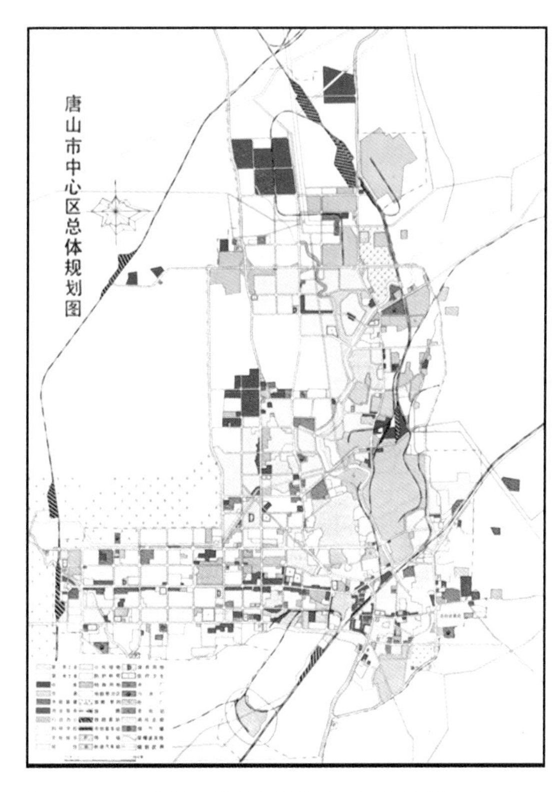

图 4-32 1985 年《2000 年唐山市市区城市建设总体规划》——市中心区总体规划图
（图片来源：唐山市城乡规划局）

机械工业规模。同时，唐山市在地震后的恢复建设规划总体上已基本实现，但由于恢复建设规划几经调整，遗留了一些待解决的问题，为了适应城市改革和发展的要求，给城市建设提供依据，综合部署城市经济、文化、公共事业等各项建设，唐山市城乡建设委员会委托中国城市规划设计研究院编制《2000年唐山市市区城市建设总体规划》。

规划确定城市性质为以能源、原材料工业为主的产业结构比较协调的重工业生产基地；冀东地区的经济、文化中心。至2000年，中心区人口规模达到55万人；用地规模达到63.57平方公里。规划形成以中心区为中心城市，包括东矿区（现古冶区）、新区—丰润城关、开平镇等格局自然、分工明确、联系紧密、大中小城市（镇）相结合的城镇群。建立市区——中小城市——县城——建制镇四级结构。中小城市为五个，分别是王滩（钢铁基地）、南堡（化工基地）、滦县（铁矿基地）、新区—丰润城关（机械、商贸）和东矿区（现古冶区，煤炭基地）。

1985年版唐山市总体规划是在震后恢复建设规划的基础上编制的，起点水平比较高，规划的方法有特色、有创新，特别是在道路交通系统规划、环境保护与整治方面使用了多项新技术和新方法。规划在编制的系统性、科学性、规范化和程序化方面均处于当时国内的领先水平，为规范我国城市总体规划编制起了积极推动作用。

4. 1994年《唐山市城市总体规划（1994—2010年）》

1992年邓小平同志南方视察后，中国经济发展由停顿全面转入高速增长。唐山市提出"以港兴市"，产业布局向沿海转移的战略，特别是中央军委决定唐山军用机场搬迁，为唐山市的城市建设提供了用地和发展空间。唐山市规划管理局委托中国城市规划设计研究院编制《唐山市城市总体规划（1994—2010年）》，修编的重点在中心区，1999年报经国务院批准。

规划确定城市性质为河北省经济中心之一，环渤海地区重要的能源、原材料基地。至2010年，中心区人口规模达到81万人，用地规模达到80.0平方公里。规划市区主要由中心区、新区—丰润城关、古冶区、开平区、海港区和南堡区六片构成，城市总体布局呈分散组团式格局。优先发展海港区和南堡区，建设中心区，完善新区—丰润城关，调整古冶区和开平区。中心区的城市建设选择机场地区作为未来发展用地；新区—丰润城关用地方向主要向唐遵铁路以西，京哈线以南，即将修建的京哈高速公路以北发展；古冶区在规划中将林西、唐家庄、古冶和赵各庄连成一片；开平区近期向南发展，控制在津山铁路以北、半壁店村以东至开平镇老建成区之间的范围内，远期以老建成区改造为主。

94 版总体规划修编基本继承了 85 版总体规划和京津唐国土规划的思想和大的布局框架。在市域城镇体系规划方面，确定了“大三角”和“王”字形一级空间发展轴的基本格局，即唐山市区、海港区、南堡化工区为唐山市域的三个增长极，中心区的发展要在城市职能分工、人口用地规模、产业结构调整等方面与海港、南堡的发展相协调。中心区在大的路网和布局框架基本不变的基础上，深化了每一片的规划要求，同时对中心区城市景观风貌提出了整体要求。规划修编首次对城市发展建设的支撑能力进行了探索分析。这一次规划修编反

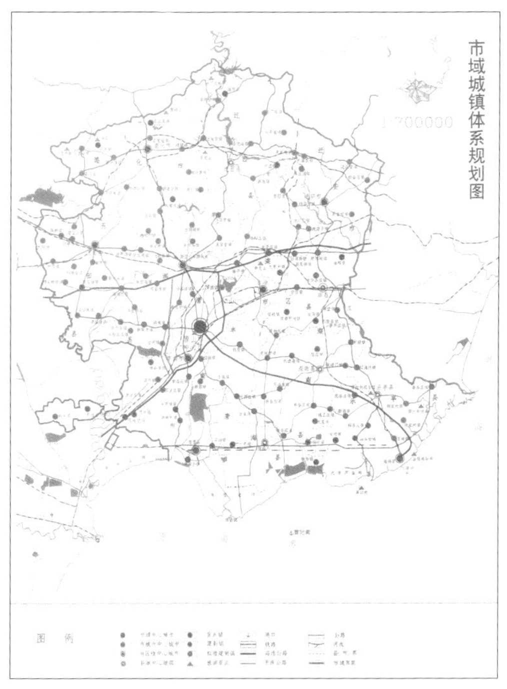

图 4-33 1994 年《唐山市城市总体规划（1994—2010 年）》——市域城镇体系规划图
（图片来源：唐山市城乡规划局）

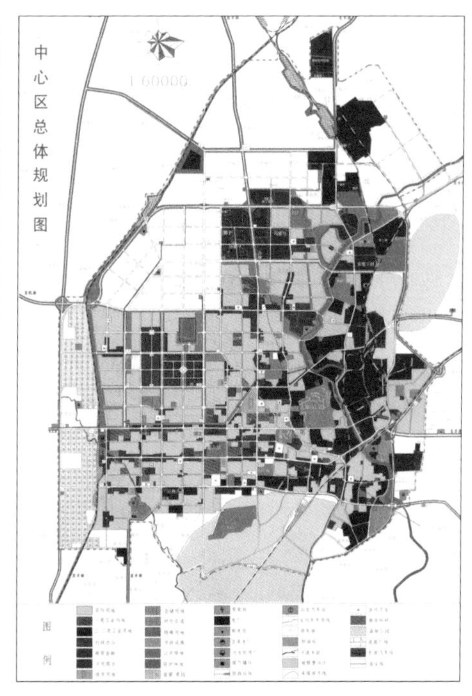

图 4-34 1994 年《唐山市城市总体规划（1994—2010 年）》——中心区总体规划图
（图片来源：唐山市城乡规划局）

映了90年代中期城市规划思想、理论与技术的不断进步。

5. 2011年《唐山市城市总体规划（2011—2020年）》

2002年，唐山市进行了行政区划调整，原丰南市改丰南区，原丰润县与丰润新区合并为丰润区，拓展了城市发展空间，为在更大范围内实现城市合理布局创造了有利条件。此外，京津唐区域合作初见端倪，曹妃甸已进入全面开发建设的新阶段，机场新区的建设启动在即。在新的发展形势下，唐山市人民政府委托中国城市规划设计研究院开展新一轮的城市总体规划修编。

规划确定城市性质为河北省中心城市之一，环渤海地区新型工业化基地和港口城市。规划预测2020年，唐山中心城区城市人口规模为220万，建设用地规模约为210平方公里。规划明确市域范围内形成“两核一带”的空间格局，中部发展核心，由中心城区辐射带动丰润片区、古冶片区、空港片区以及周边

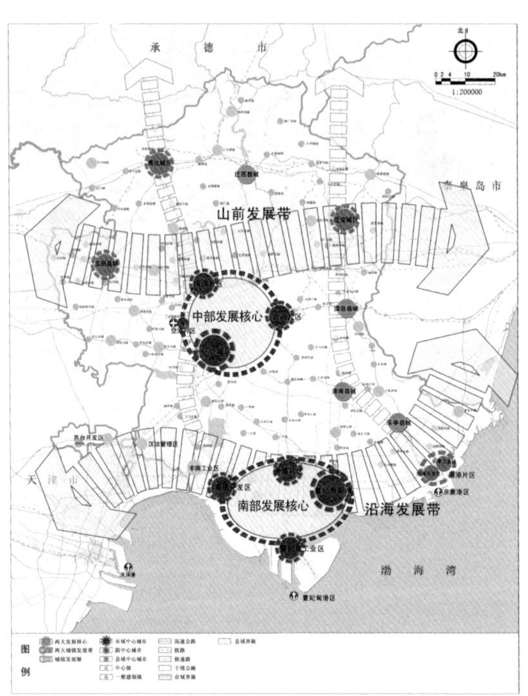

图4-35 2011年《唐山市城市总体规划（2011—2020年）》——市域城镇空间结构规划图（图片来源：唐山市城乡规划局）

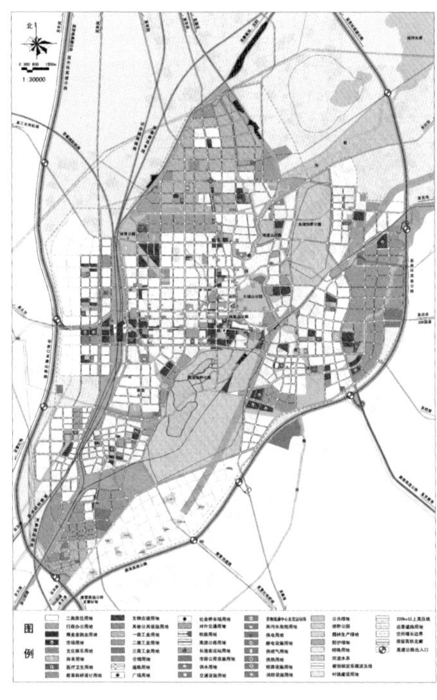

图4-36 2011年《唐山市城市总体规划（2011—2020年）》——中心城区用地布局规划图（图片来源：唐山市城乡规划局）

十个重点镇，重点完善综合服务功能、提升城市环境品质，增强承载力和服务辐射带动能力。南部发展核心，即曹妃甸新区，由曹妃甸新城、唐海片区、曹妃甸工业区和南堡工业区，重点发挥在环渤海地区的带动和示范作用，构筑高起点、高水平的发展框架，成为河北省沿海经济隆起带的重要组成部分。沿海发展带是河北省沿海经济隆起带的重要组成部分，是唐山市实施向沿海推进战略的核心地区，是唐山市未来的发展重点。

2011 版总体是现行版的法定总体规划，其进一步明确了向沿海推进的空间发展战略，促进了区域协调发展和海陆联动。近年来，总规的指导下，下位各层次规划建设依法有序展开，总体规划对推进全市生产力布局的调整、促进规划区的城乡统筹发展、推动中心城区的功能完善和合理布局起到了切实有效的指导作用。

城市总体规划涉及政治、经济、文化和社会生活等各个领域，五版总规在指导唐山有序发展、调控城市建设方面发挥着重要的先导和统筹作用。随着城市总体规划的编制，唐山实现了数次大规模的扩张与飞跃，中心城区完成了由震前 33 平方公里、38 万人到现阶段 169 平方公里、150 万人的跨越式发展。城市功能日趋完善，城市结构更加合理，组团形态基本形成。

五、凤凰涅槃：四十年辉煌成就

在规划的科学指导下，历经十年重建、十年振兴、二十年快速发展，唐山

图 4-37 新唐山火车站
（图片来源：唐山市规划展览馆）

已实现经济持续繁荣，城市建设趋于完善，城市品质大幅跃升的发展目标 。40年来，每一项成就的获得，都见证并镌刻了唐山城市重建和崛起的光辉岁月。

1．城市经济持续繁荣

伴随着十年振兴，唐山的经济发展一路高歌猛进。1988 年全市国民生产总值实现第一个翻番，1994 年全市国民生产总值提前 6 年实现第二个翻番。到 1995 年，唐山完成地区生产总值 498.6 亿元、财政收入 38.9 亿元，分别较 1985 年增长了 8.6 倍和 4.2 倍。“八五”时期超过了全国经济平均增长速度，跨入了全国 25 个生产总值超百亿城市行列。走过十年重建、十年振兴，唐山经济发展随即驶入了“快车道”。2005 年，唐山地区生产总值完成 2027.6 亿元，财政收入完成 226.5 亿元，分别比十年前增长 4 倍和 5.8 倍。2010 年 7 月，习近平总书记亲临唐山视察，提出了“努力把唐山建成东北亚地区经济合作的窗口城市、环渤海地区的新型工业化基地、首都经济圈的重要支点”的重要指示，给唐山下步发展指明了方向。瞄准打造京津冀沿海增长极的目标，唐山港与 70 多个国家和地区的 160 个港口实现通航，年货物吞吐量达 5 亿吨；总投资 1232 亿元的 70 个重点临港产业项目竣工投产；京冀曹妃甸协同发展示范区已开工产业项目达 40 个。2015 年，全市生产总值 6103.1 亿元，较 2005 年增长 3 倍，比震前的 1975 年增长 73 倍；全部财政收入 575 亿元，分别增长 2.5 倍和 141.4 倍。此外，全社会固定资产投资完成 4619.6 亿元，规模以上工业增加值完成 2739 亿元，相比 2005 年均实现了跳跃式增长。

2．城市建设趋于完善

城市基础设施完备，城市功能完善，处处充满生机活力。到 2015 年底，唐山市区拥有道路 1022 条，总长度 806 公里；拥有公交运营车数 1883 辆，运营路线 134 条；城市日供水能力 124 万立方米；排水设施中，雨水管道 50.8 万米，污水管道 55.6 万米，雨污合流管道 5.9 万米，排水明沟 1.5 万米；城市各种路灯 115891 座；市中心区通往内外交通出入口 12 个，形成骨架相接四通八达畅通无阻的道路网络。燃气热力基础设施配套方面，到 2015 年，市内 7 区和 7 县（市）全部接通管道天然气，实现“县县通”目标，城市燃气普及率 100%。燃煤锅炉已基本退出市中心城区，全市城市集中供热面积达到 11959 万平方米，供热管道长度达到 3384 公里，切实走在全省前列。随着 2008 ~ 2010 年城镇面貌“三年大变样”工作的开展，及“十二五”期间城市建设的高速推进，唐山市住房供应不断完善，居住水平显著提升。与此同时，唐山市还加大保障性安居工程、震后危旧平房改造的建设力度，使城镇低收入家庭住房困难得到有效改善。

3. 城市品质大幅跃升

40 年来，唐山市建成了会展中心、大剧院、规划馆等一批标志性公共服务设施；凤凰新城、新华道高端商贸中心等独具魅力的六大亮点片区。唐山市还

图 4-38 唐山市图书馆
（图片来源：唐山市规划展览馆）

图 4-39 唐山大剧院
（图片来源：唐山市规划展览馆）

图 4-40 唐山南湖国际会展中心
（图片来源：唐山市规划展览馆）

不断加速由传统重工业城市向生态宜居城市转变。中心城区园林绿化以“三山”(大城山、弯道山、凤凰山)、“三湖”(南湖、青龙湖、弯道山湖)为重点,大力推进“高品质主题公园+城市街头游园+郊野公园”布局,形成城市生态三级梯度格局。高标准规划建设了唐山地震遗址公园、国家矿山公园、南湖中央生态公园、唐山体育公园、唐山植物园、人民公园、启新1889工业遗址公园等40余个城市绿色公共空间,为市民提供了众多休闲娱乐的绝佳去处。长达57公里的环城水系的建成,形成河河相连、河湖相通的水循环系统,使市区120平方公里的范围处在滨水或近水区域,构筑起“城在水中”、“水清、岸绿、景美、人水和谐”的滨水生态景观。尤其是大手笔地对城市南部采煤沉降区进行生态修复和综合治理,多年后的今天,“大南湖”已成为唐山一张响亮的名片。2016年,世园会的成功举办,更向世界展示了唐山抗震重建和生态治理恢复的辉煌成就。

经历了40年的重生和变迁,唐山从毁灭中重生,在重生中崛起,创造了一个又一个奇迹。1990年获得联合国人类住区(生态环境)中心颁发的“人居荣誉奖”;2003年荣获国家“人居环境范例奖”和首届河北省“人居环境奖”;2004年,城市南部采沉区生态建设项目荣获联合国“迪拜国际改善居住环境最佳范例奖”;2008年,首座近代博物馆在具有百年历史的启新水泥厂原址开工建设;2011年,成为国家生态园林城市10个试点市之一。

2016年,以“都市与自然·凤凰涅槃”为主题的唐山世界园艺博览会隆重

图4-41 烟波浩渺的南湖
(图片来源:唐山市规划展览馆)

图 4-42 世园会内花径一角

图 4-43 世园会雕塑一景

图 4-44 丹凤朝阳广场

图 4-45 世园会植物风情馆

图 4-46 世园会主会场鸟瞰
（图片来源：唐山市规划展览馆）

开幕。作为首个承办世园会的非省会地级城市，唐山世园会成为历史上第一个从采煤沉降区崛起的世界园艺博览会园区。此外，金鸡百花电影节、中国—中东欧国家地方领导人会议、中国—拉美企业家高峰会等世界级重要展会的成功举办，也为这座“凤凰涅槃”的英雄城市写下了浓墨重彩的一笔。

恩格斯曾说：“没有哪一次巨大的历史灾难不是以历史的进步为补偿的。”40年来，唐山这座英雄城市，实现了翻天覆地的历史巨变。而今的唐山，正在瞄准京津冀区域中心城市目标，统筹推进城市建设、城市经济、城市管理。“靓丽、繁华、宜居、和谐”正成为每一个市民的真实感受。

六、持续繁荣的背后：当下的城市

历经40年的发展，当下的唐山，已建设成为一座高楼林立、经济繁荣、人口密集的现代化城市。地区生产总值（GDP）持续突破6000亿元，中心城区人口已超过150万人，但在持续繁荣的背后，各类城市问题却日益凸显。

首先是生态与环境问题。震后唐山仍然依靠本地丰富的铁矿石、炼焦煤以及石灰石等矿产资源构建起与震前雷同的，以能源、采矿、冶金、电力等为主要支柱的产业体系。其生产过程中能耗高，资源利用率低，加工深度不够，同时环境保护措施欠账过多，导致“三废”排放量大，加之城市人口的快速增长，整体上看震后唐山市环境污染与生态破坏均比较严重。生态环境问题中很多会发展成为城市灾害。

比较突出的是采煤塌陷与矿山群开采引发的生态破坏加剧，经历了百年开采，唐山中心城区及周边形成了超过6000公顷的采空区。围绕采空区出现了21373余公顷的采煤塌陷地，并以每年133公顷的速度扩大。塌陷地严重破坏了地表的自然形态，严重区域出现塌陷坑，目前中心城区及周边已知的塌陷坑累计50余个。对附近建筑物与城市设施产生了巨大影响。矿山过度开采，生态植被遭到破坏，导致水土流失，扬尘漫天。

环境污染方面主要体现在城市工业生产过程对大气造成的污染。当前唐山市能源结构中煤炭所占比重依然很高。钢铁、水泥、陶瓷、煤炭等产业生产过程中均会排放大量有害废气。导致城市大气中氮氧化物、硫化物、臭氧、PM2.5、PM10 等指标超出国家规定标准。同时形成酸雨对地表水体、建筑物、构筑物等造成侵蚀，也会影响居民健康。

除了大型国有工矿企业外，受 20 世纪末发展乡镇企业潮流的影响，唐山市域范围内兴办了很多小型钢铁厂、水泥厂等乡镇企业。很多处在城市郊区或靠近城区的区域，其生产技术与工艺水平落后，管理粗放，环境保护意识薄弱。这些乡镇企业对全市经济发展贡献了近一半左右的产值，但其排放的污染物总量超过了全市的一半。造成巨大的经济损失与生态破坏。尽管环境污染与生态破坏不是防灾减灾的范畴，但两者之间在某些方面存在着关联性。一个被破坏的生态环境在面对各种灾害时将显得更加脆弱。

图 4-47 钢厂卫星影像图（2005 年）
（图片来源：谷歌地图）

其次是住房问题。20 世纪 90 年代后，国家开始大力推行住宅商品化政策，唐山市住宅建设的投资和建设方式发生了重大变化，投资趋于多元化，商品房开发建设成为住宅建设的主要渠道。进入 21 世纪后，城市化进入高速增长阶段，房地产业呈现爆发式发展，如 2008 ~ 2012 年四年唐山市中心城区规划总居住用地就增加了约 1000 公顷，平均每年增加 250 公顷，是之前年居住用地投放量的 2 ~ 3 倍。新增居住用地主要分布在凤凰新区与路南区。在此过程中，住宅类型也发生着变化，震后国家与各个省市援建的 4 ~ 6 层住宅与临时城市阶段自建并保留下来的部分简易房与平房逐渐变为中高层与高层住宅，居住用地的开发强度持续不断增加，新开发居住用地容积率以 2.0 至 3.0 为主。

中心城区各片区居住用地控制一览表（单位：公顷、万人、万套、万平方米） 表 4-2

片区名称	一类居住用地	二类居住用地	三类居住用地	村庄用地	现状参考可容纳人口
中心片区	16.67	1013.04	23.6	——	50.95
火车站片区	4.36	455.21	36.99	23.44	25.82
凤凰新城片区	——	550.27	15.03	145.65	34.35
铁西片区	——	13.25	——	182.53	3.47
东南片区	16.19	294.08	101.99	110.77	14.5
高新片区	——	36.74	37.63	311.52	4.7
南湖西片区	——	116.63	0.79	75.4	10.9
南湖起步区	52.76	271.65	1.33	——	17.1
陡河东片区	——	181.32	187.72	——	11.39
丰南片区	16.33	484.46	31.56	289.87	27.53
开平片区	29.12	285.19	291.23	405.33	22.87
合计	**135.43**	**3701.84**	**727.87**	**1488.51**	**223.58**

2011 版城市总体规划预测中心城区至 2020 年规划人口为 220 万，依据这一人口规模，考虑在城市住房总量供给中，空房周转率占住房总量比例 10% 以内为较合理，估算中心城区规划期末实际住房供应总套数约 87.3 万套。然而，至 2016 年年底，现状建成区的实际居住用地面积为 6100 公顷，按照平均容积率 1.5，户均面积 100 平方米估算，2016 年建成区的住房供应套数为 91.5 万套，已经远远超过了规划期末的合理范围。这还仅仅是按平均容积率 1.5 进行的估算，按实际开发建设过程中动辄 2.5 甚至 3.0 的容积率计算，住房供应套数更多。这样就导致大量的空置住房出现了，住宅模式也由过去的多层住宅变成十几层、二十几层的中高层住宅。越来越多的居民住进了高层住宅，中心城区内震后国家与各个省市援建的，曾代表当时我国最高抗震水平的住宅小区，正逐渐被房地产热潮中越建越高的住宅代替。这大大提高了各类灾害的风险水平，也增加了防灾减灾以及灾后救援的难度。

从抗震角度讲，当建筑物高度增加时，相同抗震设防标准下，对建筑结构与材料的强度要求也随之提高。尤其当纵波地震发生时，这种高层住宅的建筑基座与建筑地上部分的连接部位将变得异常脆弱。而且曾经规划确定的防灾避难场地可能随着周边建筑物高度的增加处于高层建筑倒塌影响范围内，存在安

图 4-48 唐山市中心区高楼林立（2016 年）
（图片来源：唐山市规划展览馆）

全隐患，涉及重新选址的问题。大量高层住宅的出现也意味着电梯的广泛应用，让灾时及时逃离变得不大可能。此外电梯还将引发更多安全事故。

住房模式的改变也影响着邻里关系的变化，过去平房与多层住宅模式下的街坊式邻里传统关系正在逐步瓦解。这曾是1976年唐山大地震发生后，挽救了几十万人生命的伟大互救之所以发生的社会基础和纽带。如今正变得日益淡漠。

当下唐山面临的第三个难题是城市交通问题。震后城市各项事业建设逐渐恢复，随着经济发展，城市化进程加快，人口的急剧增长，城市规模不断扩大，原本由新华道（建于新中国成立前）与建设路（建于1975年）交叉支撑的城市道路格局逐渐演变为数条主次干路纵横交织的“方格网”式布局。据《唐山城市建设志》记载，十年恢复建设至1986年年底，路南、路北两区共有主次干道65条，总长143.27公里，面积372.4万平方千米，人均城市道路面积7.45平方米，时隔三十年，至2015年年底两区规划人均城市道路面积达16.84平方米，道路建设不断加速、道路总量不断攀升，却远远赶不上城市交通总量的增长速度，致使中心城区多条车道在高峰小时饱和度达到顶峰，长宁道、北新道、友谊路、建设路、龙泽路等交通性主干路终日繁忙，十分拥挤，经常发生持续性的堵塞现象，车辆行驶速度异常缓慢。

城市的快速发展造成人们生活半径的增长，通勤代步需求日益突出，出行需求也越来越多样化，然而短距离出行的慢行交通空间受到机动车挤压，中长距离出行的公共交通车辆配备不足、站点与线路布局不合理等城市道路基础设

图4-49 唐山市中心城区全景（2014年）
（图片来源：唐山市规划展览馆）

施问题，导致小汽车出行的比例增高。据统计资料显示，自2005年以来，唐山市汽车保有量以年均19.5%的速度增长，其中私人小汽车保有量的增速达年均26.3%，长期以来城市发展因对小汽车进入家庭估计不足，道路交通基础设施欠账较多，道路建设和停车场的发展速度滞后同期车辆的增长，而且市区道路网密度低、道路级配不合理，以及部分交通性干路两侧用地布局不合理产生的大量车流、人流严重影响了道路服务水平，同时相关部门缺乏对小汽车的有效管理，从而导致中心城区交通安全、停车、道路拥堵等问题日益严峻。道路交通设施滞后以及汽车保有量的不断攀升严重影响城市交通系统的可靠性，将导致灾时救援通道不畅、人员疏散效率不高、交通事故骤增、空气质量下降等问题。

第四是城市活力，尤其表现在科研创新不足与经济转型困境上。尽管城市四十年期间保持着持续的繁荣，但却一直依靠资源投入的驱动，而非科技创新驱动。从因矿而兴至今，资源一直在唐山城市发展中发挥着关键作用。自然资源与经济增长的关系是经济学的一个基本命题，专业学者曾提出的“资源诅咒”理论表明，长期单一地依靠资源带动经济增长，对城市全面的发展具有阻滞效应。非资源部门的制造业活动、贸易活动与科技创新活动都会逐渐衰退，甚至全市范围内的行政管理倾向、教育、人才就业等都会受到潜移默化的影响。人力资本尤其是具备创新能力的人才将是未来决定城市经济增长与创新活力的关键变量。唐山的现代教育曾经起步较早，并创办了中国教育史上最悠久的高等学府之一——唐山交通大学。由于种种原因其很多学科逐渐迁离唐山交大，如部分

图 4-50 机车车辆厂地震遗址
（图片来源：唐山市规划展览馆）

专业迁至北京后独立发展成为北京交通大学。建筑系调整到北京铁道管理学院，1952年再次调整至天津大学。冶金系、采矿系与地质系分别迁入今北京科技大学、中国矿业大学与中国地质大学。如今的西南交通大学与兰州交通大学的前身也是依照国家教育支援西部而最终迁离唐山。这些师资力量与教育科系的迁出意味着唐山地区人才的流失与人才教育的衰退。这其中尽管受到国家宏观调整布局的影响，但部分原因是过度依靠资源而导致“资源诅咒”局面的发生，而“资源诅咒”的发生对教育、投资、创新均具有挤出效应。这也为当下唐山所面临的创新能力不足与经济转型困境埋下了隐患。这又会间接地反映到城市防灾减灾工作上。很多先进的防灾减灾理念与技术的应用遇到了瓶颈。如地理信息系统（GIS）由于缺乏专业人员而导致数据维护更新困难，实际应用十分局限，海绵城市的规划建设缺乏本地专业设计师，唐山市华北理工大学尽管近年来一直在提高师资力量与办学水平，但优势学科依然以服务工业生产尤其是资源型工业生产为主，对于城市规划建设与防灾减灾工作的支持仍显不足。

最后一个是城市文化方面的问题，作为本地文化载体的城市被地震打碎，城市的建筑文脉也随之被切断，见证唐山不同历史时期的重要建筑物在震后无一被复建，且地震遗迹遗址的保护也是近几年才受到重视，之前并没有对地震遗址实施完整的保护，这些城市遗产对铭记历史教训，提高人们防灾减灾意识有着重要意义。

今天整体上看唐山这座城市，没有太多历史的痕迹，城市文化显得匮乏。历史上著名的小山商业街、唐山交通大学校址、市立图书馆等等都只能记录在影像资料中，今天的人们无法亲身去感知。城市防灾减灾不仅要保护人们的生命与财产，也应该保护城市本身和其中承载着的城市文化。这样城市才能真正地可持续地发展下去，走向永恒。

七、防灾减灾伴随规划建设在探索中前行

1976年地震发生后，城市在注重空间格局发展的同时，更侧重了对城市防

灾减灾的探索与实践。震后四十年的时间，对于如何建立一座坚不可摧的安全城市，唐山一直在摸索中前行。以铜为鉴，可以正衣冠；以人为鉴，可以明得失；以史为鉴，可以知兴替。吸取了不设防城市带来的巨大损失的教训，地震后的城市开始理性思索，城市格局转变后，萌生的综合防灾的萌芽，以及进入21世纪后，在经济快速发展背景下，城市防灾减灾的迷失。在防灾减灾的道路上，唐山，还要不断阔步前行。

1. 震前不设防的城市脆弱不堪（1976年以前）

回首1976年唐山大地震造成的巨大灾难，固然地震的震级大、震源浅、发生时间为凌晨是最主要原因，但不可否认的是，老唐山自身存在的问题加剧了地震的灾害程度：地震前的这个渤海湾的特大城市，拥有着百万人口，拥有当时世界上最大的水泥厂、世界上最大的火力发电厂、中国第二大煤矿、享誉世界的唐山陶瓷、中国重要的钢铁基地，几乎是华北地区乃至全中国的工业筋骨。但是，那时候的唐山却是一个对地震及安全隐患几乎不设防的城市：新中国成立以来，唐山的城市建设取得了很大成绩，但仍存在许多不合理的状况，未能从根本上得到改造。城市布局及建筑用地选择不合理，路南区基本建在活动断裂带两侧和砂土液化地段，且8平方公里全部压煤；路北区亦有一部分工厂、住宅压煤。京山铁路影响唐山矿可开采的煤炭达一亿零八百万吨，煤炭生产和城市建设的发展均受到限制。同时工业住宅混杂交错，缺乏合理的功能分区，存在较多的安全隐患。城市道路少、弯、窄，对外公路入口不畅，遇到房屋倒塌，阻塞道路，交通随即断绝，不符合战备及应对突发事件的需要，抗震救灾初期，充分暴露了道路系统问题的严重性。城市建筑以平房工棚和砖混结构的低层为主，采用的是最易垮塌的建筑材料，基本没有抗震设防措施，也没有部署任何地震监测网；城市生命线工程脆弱；震中区建筑和人口密度过大，高达70%和1.54万人/平方公里。

防御措施的缺失使得城市脆弱不堪，经不起强烈地震的袭击，在短短23秒之内，这座被誉为“中国近代工业摇篮”的老城变成了一片瓦砾，24万人罹难，16万人重伤，95.5%建筑震毁，直接经济损失达54亿元人民币以上。

24 万罹难者用生命换来了一个真理：对一个地区的用地合理布局，对有害因素加以避让，同时加强建筑物的抗震设防管理，确定合理的抗震设防要求，使建筑物达到能够抵御一定级别地震的水准，是降低甚至消除潜在地震危险的最有效措施。

图 4-51 地震前小窑马路两侧的平房工棚（1）
（图片来源：《唐山城市记忆》）

图 4-52 地震前小窑马路两侧的平房工棚（2）
（图片来源：《唐山城市记忆》）

图 4-53 唐山火车站瞬间成了一片瓦砾
（图片来源：《唐山百年》）

图 4-54 开滦唐山矿及其附近建筑物全部被震毁
（图片来源：《唐山百年》）

2. 随地震而来的对防灾减灾的思考（1976 ~ 1985 年）

地震带来的巨大破坏使得规划部门开始对城市的防灾减灾进行深刻思考，将安全城市的打造提到了前所未有的重视程度，将加强防灾意识作为重中之重，以建成最安定、安心、安全的城市为目标，1976 年震后重建规划采取了诸多规划措施，对城市的防灾减灾进行了一系列的探索，开创了国内抗震防灾领域的先河，为其他城市积累了宝贵的经验。

（1）重塑安全城市的系列措施

1976 年重建规划重点对城市防灾减灾措施进行了考虑，前文规划部分也有详细介绍。

首先，城市选址根据地质条件选择有利抗震的地段进行建设，搬迁处于活动断裂带及压煤、采空区附近的建筑。同时对各种工业企业及仓库布局做了调整，易燃易爆剧毒的工业企业及仓库一律迁移到远离居住区的地方。同时，改善城市交通，城市交通增加对外出口，建成四通八达的棋盘式的道路网，规定城市道路红线宽度，保证两侧房屋倒塌时，尚可维持交通。

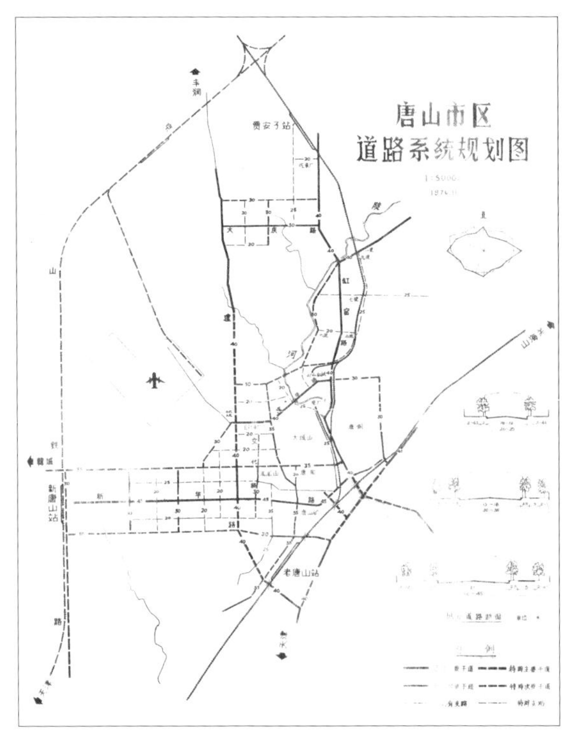

图 4-55 1976 年唐山恢复建设总体规划——市区道路系统规划图
（图片来源：唐山市城乡规划局）

其次，对生命线节点加强防灾处理，生命线工程体系初步形成。由于震前生命线工程脆弱，在地震中基本全被震毁，修复速度较慢，加剧了震后救援与恢复建设的难度。重建规划后，新唐山市区按 8 度设防，对生命线工程适当提高设防标准；对位于城市上游的陡河水库堤坝，按百年一遇洪水进行抗震加固，并提出沿陡河受洪水影响范围的重要厂矿如电厂、钢厂等，应采取局部保护措施，修建防洪墙等措施提高防洪标准。同时，在城市周围分散设置水厂，以利于保证供水。新建炼焦制气厂和热电厂，实行集中供气集中供热，减少火源。对部分设施采取地下化措施减轻灾时的破坏程度，煤气、电力等基础设施尽量入地，并配置可以切断的安全阀门，以防火灾等次生灾害的发生。所有的基础设施尽量采取环路布置，保证双源供应，这避免了以往“树形”结构的不稳定性。

最后，提出各项建筑都要按抗震要求设防，提高抗震设防等级，一般工程均按8度设防，并统一安排人防设施。建筑采取“内浇外挂”、“内浇外砌”、“砖混加构造柱”的结构型式提高建筑抗震能力。在建筑布局上，明确提出建筑间距的控制要求，强调建筑之间应保留一定的开敞空间，合理布置道路、绿化带、小块绿地等，形成避灾场所以利于抗震和备战。

（2）防灾减灾的初步摸索

在随后的城市建设中，规划确定的各种防灾措施基本都得以实施，具体来说，震后的唐山对市区内的地形地貌、地质构造、采煤波及区、活动断裂层、构造性地裂缝及地面塌陷区等情况基本了解，并进行了深入研究，加强对地下活动断裂层的探测，明确断裂层活动时间，提出设防原则；积极开展地震小区划工作，对城市所在范围内的场地类别和地震时的振动轻重程度作出详细划分，指出了各小区场地对建筑物抗震的有利或不利程度，指明了各小区具体的不利因素；在工程建设时考虑工程建设场地可能遭遇到的地震危险程度，重要地区进行场地的地震安全性评价；适当开发地下空间，增加公共开敞空间，增设应急避震疏散场地，拓展主次干路，设置避震疏散通道。

各种防灾措施的实施，使得唐山初步建立了最基本的防御体系，改变了震前“不设防城市”的局面。但此阶段的防灾规划，虽然较以往得到了极大的重视，但依旧只是作为总体规划中一个重要的组成部分，未单独进行规划编制；另外，规划以抗震减灾为主，对其他灾害局限于传统的火灾、洪灾等，灾害种类单一，防治措施较为简单；最后，规划对各种灾害均以单一灾种为研究对象，还未形成综合防灾的意识。

（3）抗震法规体系的完善和调整

唐山地震的重要意义也在于，它成为中国城市防灾抗灾法规制定的转折点。中国建筑防灾法规的全方位、系统化制定，大多是针对唐山大地震的经验和教训而制定的。此前，针对1970年云南省通海县地震的大量伤亡状况，中国将抗震要求首次正式列入建筑设计规范中，即1974年正式颁布试行的《工业与民用建筑抗震设计规范（TJ11–74）》。然而，这个规范只提出了概念上的要求，并没有做出实施细则规定。而从1975年辽宁海城7.3级的地震来看，这个规范并没有显著降低建筑的破坏。虽然由于预测准确，海城地震只有1328人死亡，4293人受伤，但倒塌的房屋却多达111万余间。

唐山地震的巨大损失，提升了在建筑规范中增加防灾抗灾条款的立法意识。地震后三个月，也就是1978年10月，国家基本建设委员会就对1974版的《工业与民用建筑抗震设计规范》进行了议论修订，修订的内容主要是提高了建筑的抗震设计的烈度，同时要求进行场地选择和场地土的分类。随后，在80年代和90年代，分别颁布了交通构筑物、工业建筑和各种结构建筑的抗震设计规范。其中，《工业与民用建筑抗震设计规范》经1981年开始的八年修订，于1989年正式颁布为《构筑物抗震设计规范（GBJ11–89）》，随后在1993年、1997年又做了两次修订，由此形成了比较完善的建筑物抗震法规体系。

3. 城市格局的转变与综合防灾的萌芽（1985～2000年）

1976年重建规划提出的“三足鼎立”格局的思想更多地体现了发展中小城市的理念，将唐山分散为三个片区，组团发展。这一规划思想贯穿建设始终，也初步形成了“三足鼎立”的空间发展架构。但由于种种原因，三个城区的发展并未完全按照预期进行，城市的空间格局也在逐步发生转变。

震后三十年的飞速发展，唐山市市区的地位逐步提升，规划预期的三个片区按中小城市基本均衡发展的思路已经彻底发生了转变。至2004年，市区的人口规模已达到约100万人，远远超过了中小城市的20～50万人的规模要求。而另外两个片区的人口仅为市区的1/5，市区已经发展成为整个唐山市域的增长极核，集聚了市域范围内的大量资源，首位度高，是区域的政治、经济、文化中心。其他城镇依托市区，形成分工明确、有机联系的整体，城市的格局已经由预期的分片组团式转变为单中心极核式发展模式。

随着唐山市城市格局的转变，中心城区快速、外延式扩张，城市规模日益

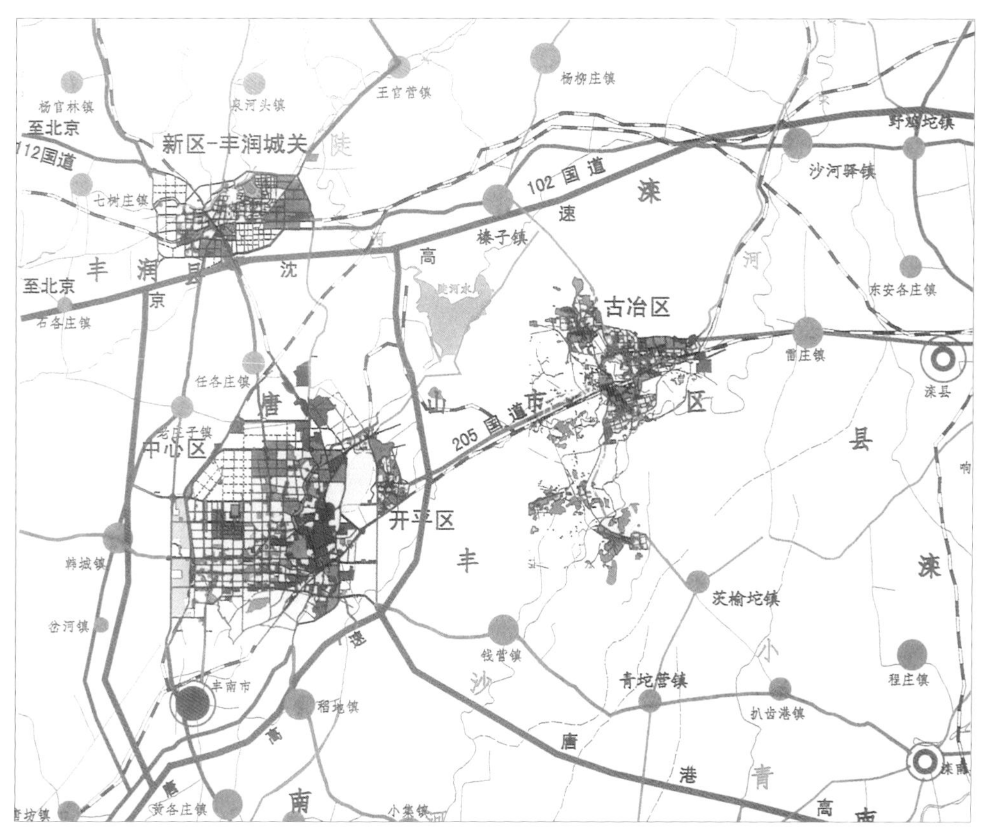

图 4-56 1994 版总体规划——“三足鼎立”格局已逐步向单中心极核模式转变
（图片来源：唐山市城乡规划局）

增加，由 1976 年 38.22 平方公里发展到 2004 年 89.95 平方公里，城市化进程逐年加速，2004 年城镇化率已达到 43.76%，城市经济快速发展，威胁人类生命安全的自然灾害以及影响社会稳定健康发展的突发公共事件等城市问题也在不断涌现：水灾、地质灾害、气象灾害、火灾与爆炸、交通灾害、工业化灾害、城市恐怖事件……灾害一步又一步地冲击着生活空间，种类更加多样化，灾害和事故的发生更复杂化并具有跨地域性，唐山面临的风险进一步加大。面对日益严峻的城市灾害形势，如何抵御和防范种类繁多的灾害？如何建立一种安全防御模式使城市坚不可摧？如何让城市安全健康地发展？综合防灾的萌芽与雏形开始出现，这是唐山市在防灾减灾路更深层次的探索。

1986 年全国人防建设和城市建设相结合座谈会于厦门召开，在认真总结

1976 年唐山地震以来城市防灾实践的基础上，指出城市应当实行综合防灾，并首次提出了“城市综合防护体系”[1]。在 1994 年的唐山市总体规划中,综合防灾的规划理念由此正式写入城市规划的编制中。彼时，总体规划提出综合防灾规划的概念，其区别重建规划中局限于传统的火灾、洪灾、地震、人防等种类单一规划的最主要特征就表现在“综合性”，即兼顾了应急与救援的一元化管理；维护城市安全的多部门的协调互动；融合了城市历史上发生过、并在将来预测可能发生的多种灾种；综合了定性与定量的多重评估；解决不同角度城市综合问题而设定的多角度目标，是自然学科与社会学科等多种科学的立体化综合性研究。综合防灾规划的提出，有效地提高了城市综合防御抵抗灾害的能力，减轻灾害给人类与城市带来的损害程度，逐步成为指导城市建设的重要公共政策之一。

94 版总体规划构建了较为完善的城市防灾体系，并在各灾种的详细分析基础上，研究唐山市的灾害源分布，各种灾害的成灾模型及其并发、连发规律以及唐山市抗灾防灾能力和薄弱环节，提出了综合的防灾思路。为了保证防灾减灾的实施效果，94 版总体规划首次重视对防灾基础设施的控制建设，如城市建设中优先建设避难场地、生命线工程等设施；项目建设前要对其内配建的防灾设施进行审核；对防灾设施用地进行严控，防止被其他用地侵占等。此时的城市防灾有了一定的体系雏形，现在看来内容还是偏向单一灾种分析，综合分析深度欠缺，但作为一种开端是应倡导的。

4. 经济膨胀下对城市防灾的忽视（2000 ~ 2016 年）

进入 21 世纪后，唐山抓住工业化、城镇化加快发展的机遇，顺应经济发展大势，大力发展重化工业，形成了钢铁、能源、建材、化工、机械、陶瓷等支柱产业，成为国家重要的能源、原材料基地，在全省乃至全国都居于发展前列；同时，县域经济风生水起，所辖县全部进入了河北县域经济发展综合水平 30 强，唐山一跃成为河北省第一经济大市。

经济的飞速发展，带来的不仅是实力和地位的提升，城市面貌的改善，也

---

[1] 刘兴昌主编 . 市政工程规划 [M]. 北京：中国建筑工业出版社，2006.4.

带来了诸多城市问题。在快速的城市化过程中，城市开始了“摊大饼式”的蔓延发展。中心城区建成区面积由2003年的102.33平方公里迅速扩建至2015年的169平方公里。商品房市场的迅猛发展，供需的不平衡，高房价带来的住房泡沫，过热的商品房市场造成20%～30%的空房率。基础设施配套不足、公共绿地的稀缺、居住环境的恶化都产生了严重的社会问题。

唐山市区的不断扩张，快速工业化和城镇化对建设用地的大量需求与土地供应之间的矛盾突出，土地出让市场化程度逐步提高，土地出让价格也随之增高。出于经济利益的驱使，城市的开发强度和建筑密度越来越高。2003年以后，唐山城区开始大量兴建高度百米以上，30层左右的高层住宅及商业综合体。过高的建筑和人口密度加剧了救灾和疏散的难度。新开发的住宅小区多数都开发了二层的地下空间，覆土厚度的减少，产生蝴蝶效应，间接影响了雨水的吸收和排放，为城市水灾留下安全隐患。此外，城市建设开始过多地关注物质空间的塑造，打造宽马路、大广场、城市新区等，并没有充分考虑本土的文化特色和实际需求，而是照搬照抄国外的某些理念；城市空间及景观风貌没有进行整体控制，只是单纯追求形式导致城市空间风格迥异和混乱。日益拥挤的交通对火灾的救援和地震的疏散产生严重影响，逐渐冷漠的邻里关系也会大大减少互救的可能。

图 4-57 建设路两侧高层住宅
（图片来源：唐山市规划展览馆）

这一时期，整个城市发展一直处于非理性状态，过度地追求经济的发展。大量涌入城市的人口、大量的住区开发建设、过度拥挤的城市交通、严重恶化的环境以及高科技带来的灾害风险更加多样化和复杂化，这些对城市的综合防灾能力提出了新的挑战。这一时期，唐山市发生了一些灾害，如1993年林西百货大楼的火灾、强降雨造成的城市内涝问题等，这些正是这一阶段对城市防灾建设的考验。

然而面对城市空间的迅速扩张，城市防灾规划稍显落后。新世纪以来的总体规划编制内容中，并没有对综合防灾体系进行深化研究，还是依靠对单一灾种的研究分析进行防灾工程部署，对新的技术手段和成灾模型研究不足。同时，城市防灾规划一直围绕着消防规划、防洪规划、防空袭规划和抗震规划这几方面进行，随着城市的迅猛发展和城市功能的不断提高，城市的致灾因素也不断增加，目前的防灾规划对各种致灾因素特别是新的致灾因素分析不够，缺乏“主动”防灾思考方式。

在“被动式”的城市防灾规划中，城市基础防灾设施忽视严重，与快速城市建设脱节。城市建设要保持建筑物的合理间距，使街道宽度在两侧建筑倒塌后仍有救灾的通道。在实际建设过程中，部分主要救援疏散通道如建设路、北新道两侧，为了保护开发商的利益，沿街两侧多为高层建筑，这就为地震灾害发生时的救灾埋下了隐患。在城市建设过程中，应规划与人口相匹配的绿地与空地，作为灾时避难场地。在实际建设中，规划管控不足，城市绿地与避难场所被侵占严重，缺乏柔性避难空间。如凤凰新城片区正处于快速发展阶段，在规划的指导与控制下，绿地基本形成了网络体系，但与总体规划绿地总量相比，存在指标减少的问题，主要体现在道路两侧绿化带基本未形成，中央公园面积由于项目实际建设挤压，由总体规划中的138公顷缩减到36公顷。同时，部分防灾工程设施，如消防站、人防庇护工程的落后建设等，也成为城市防灾建设的主要隐患。

近几年，随着城市防灾理念的不断深入，韧性城市等兴起的规划理念为降低城市脆弱性、提高城市适应力与恢复力提供了新的规划思路。韧性城市提出从建筑、社区、基础设施、城市、区域全面进行防减灾设计与建设，并尽可能利用现代科学技术和通信设施，以“非工程措施”结合必要的工程性修建来增强城市防减灾能力。2012年后，随着唐山市新一轮城市总体规划的编制完成，唐山市各级人民政府也重新审视城市防灾规划与建设，积极进行防灾基础工程建设和避难场所建设，开展防灾减灾宣传教育活动，唐山市城市防灾减灾工作日趋成熟。

图 4-58 高强度的城市建设活动
（图片来源：唐山市规划展览馆）

图 5-1 新唐山鸟瞰图（2016 年）
（图片来源：唐山市规划展览馆）

总结

Summary

一、重新界定灾害风险

震后重建 40 周年的今天，回顾总结唐山自兴起至今完整的灾害史与抗灾史，在此基础上，重新思考这个城市未来的防灾减灾之路。

40 年后的唐山，已发展为河北省第二大城市和环渤海经济圈的重要节点城市。进入 21 世纪后，唐山逐步转变发展思路，充分发掘自身滨海潜能，稳步向海洋城市推进。近年来，随着京津冀协同发展这一国家层面战略的提出，唐山也将作为区域性中心城市在合作中承担起更重要的职能。

在此背景下，唐山城市空间也发生着深刻的变化。由震后提出的中心城区—丰润新区—东矿区（现古冶区）的“三足鼎立”格局已逐步转变为在市域范围以中心城区和曹妃甸区为核心，以高速公路、铁路等骨干交通为海陆联动发展轴，带动周边城镇多组团绿色协调发展的“两核一轴多组团”的区域新格局。京津冀协同发展提出后，唐山尝试着围绕中心城区和曹妃甸区两个核心建立联合都市区，涉及约 5500 平方公里地域。这座曾经围绕煤矿兴起的资源型城市如今变得更加广阔，具有内陆与滨海双重属性，城市格局与属

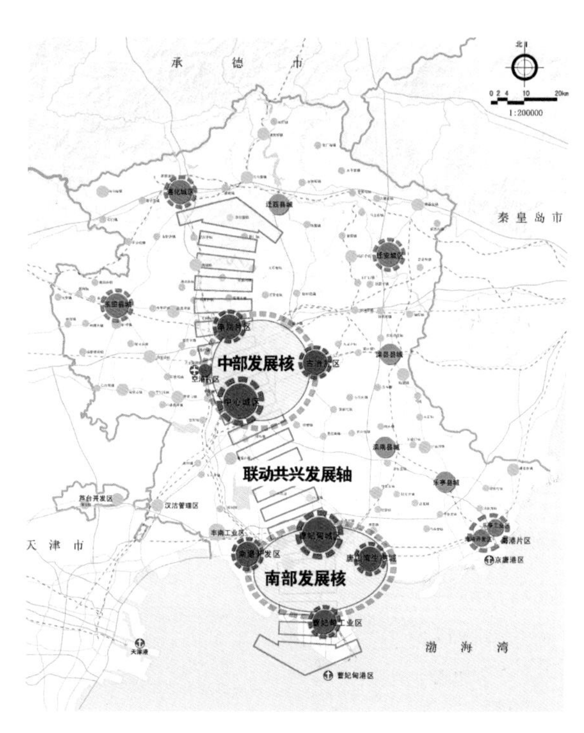

图 5-2 唐山市域空间结构设想——两核一轴多组团
（图片来源：唐山市城乡规划局）

性的变化使得今天的唐山所面临的灾害风险也更加复杂化与多元化。因此，在震后重建40周年的今天，回顾总结历史对城市所面临的风险类型重新进行界定十分必要。

1．地震灾害

毫无疑问，地震将是唐山要永恒应对的灾害，已植入城市基因，渗透到城

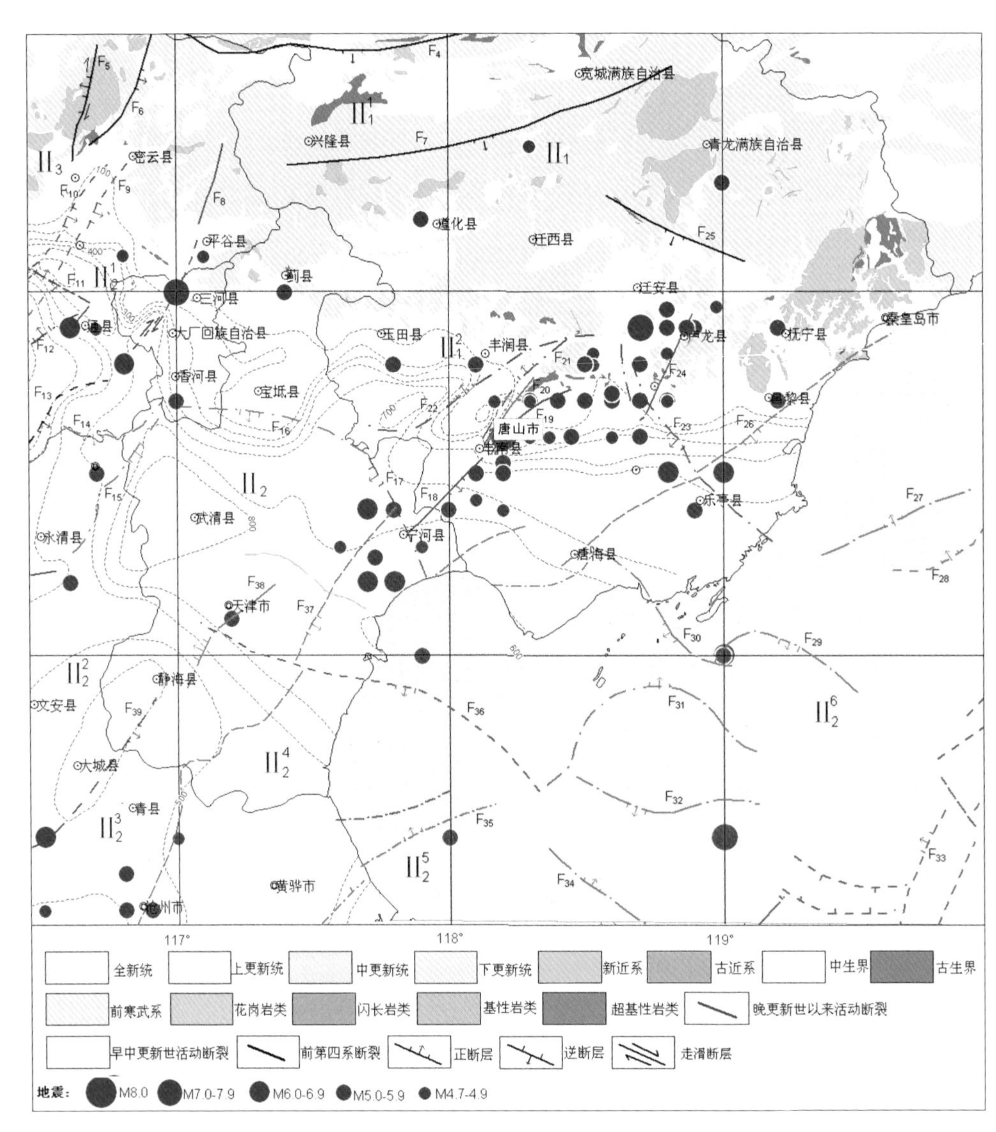

图 5-3 唐山市周边区域地震地质构造图
（图片来源：唐山市城乡规划局）

市生产、生活的方方面面。首先，大地构造上，唐山市隶属于中朝准地台，是我国最古老的陆台之一，具有典型的双层结构。唐山市中心城区位于燕山台皱褶带（Ⅰ1）的马兰峪复式背斜南部（Ⅱ11），属大地构造较不稳定地段。其次，唐山紧临的郯庐（郯城—庐江）断裂带，发育历史长、规模大、连续性强，是东亚大陆上的一系列北东向巨型断裂系中的一条主干断裂带，在中国境内延伸2400多公里，规模宏伟，结构复杂，是地壳断块差异运动的接合带，也是地球物理场平常带和深源岩浆活动带。该断裂带范围内分布有大量的矿产资源，唐山丰富的矿产资源可能正得益于此，但这也给唐山带来较高的地震风险；同时唐山地区被宁河—昌黎深断裂、丰台—野鸡坨大断裂、滦县—乐亭断裂和蓟运河4条断裂带切割，该4条断裂带呈菱形包围唐山地区，对本地区的地震活动有着重要的影响；最后，在唐山所处的菱形块内部仍然发育有一条断裂带——唐山断裂带。虽然规模较小，但对于地震的发生起了重要作用，再加上丰南附近存在的东西向断裂，增加了唐山所处菱形块体内的结构复杂性，因此，应对地震灾害依然是唐山地区综合防灾减灾工作的首要任务。

2. 地质灾害

除了地震之外，唐山城区范围内还存在地面沉降、塌陷、地裂缝等地质灾害。地面沉降、塌陷与近一个半世纪的煤矿开采以及超量开采地下水有关，目前，中心城区内采煤波及区南侧为唐山矿采煤塌陷区，东部工业区和开平区之间为马家沟矿采煤塌陷区，东北方向为荆各庄矿采煤塌陷区，面积约34平方公里。这类灾害并不像地震那样剧烈，但对地表建筑物、构筑物、道路、市政管道等具有缓慢且长期的影响，严重时会产生塌陷坑与地裂缝等破坏性较大的灾害。近年来，唐山市相关部门与单位通过划定采煤塌陷区、采煤波及区的准确范围，勘察内部详细的地质情况，搬迁塌陷区内老旧建筑，对区域内用地开发进行严格控制等措施来降低对城市建设的影响。

另外，在唐山7·28地震的极震区，从胜利路西端向南经唐山市第十中学、吉祥路、岳各庄至安机寨一带，出现了一条长约10公里的构造性裂群，由于构造性地裂缝是活动断裂发生过程中的一个伴生构造，且在空间上具有原地重合及在时间上具有反复继承的特点，故断裂的两侧各100米范围内在规划和建设时应予以避让，现状建成的建筑应予以搬迁。

基于上述分析，从综合防灾减灾的角度对城市建成区范围内地质类灾害进行全面分析研究和规划仍然十分必要。

3. 生产安全类灾害

随着科技进步、机械化与电气化生产的应用与推广，历史上频发的矿难已经得到有效控制。当前唐山市的工业依然在城市产业中占据较大的比重，钢铁产业与化工产业等的安全生产仍然是目前城市综合防灾减灾工作需要重点关注的领域。重大危险源企业主要分为电力、冶金、危化品等产业类型，涉及危险物质包括液氧、氢气、液化丙烷、碳酸乙烯酯、碳酸二甲酯等，火灾、爆炸、毒气泄漏危险性高。危险物品的存储也将增大城市的灾害风险，物流仓储业中的易燃易爆有毒物品尤其需要严格地预先规划和后续管控。

生产类灾害　　表5-1

行业	主要危害
电力	设备故障或者人员工作失误
钢铁	易燃易爆火灾、炼焦过程有毒物质泄漏、特种设备
危化品	火灾爆炸、毒气泄漏、对周围建筑和人产生巨大影响、职业病等
冶金	喷炉灼烫、火灾、外溢爆炸、冒顶片帮等
非煤矿山	物体打击、机械伤害、触电、高处坠落、坍塌、冒顶片帮、爆破等
煤矿	火灾、坍塌、冒顶片帮、透水、瓦斯爆炸
烟花爆竹	易燃易爆、粉尘危害

4. 海洋灾害

近年来，唐山重点发展中心城区和曹妃甸区双核心，打造滨海城市，这意味着城市也将面临更复杂的海洋灾害。唐山沿海地区地势平缓，坡度0.26‰～0.33‰，是河北省灾害危险区和地质环境脆弱区。近年由于不合理开采地下水资源，多处地区出现地面沉降。而全球气候变暖的影响，引起全球海平面上升，加上华北沉降带以每年1～1.5毫米的背景值沉降，使唐山沿海面临着巨大的挑战。另外，唐山海岸带所处的位置、地貌环境、气候水文状况以及沿岸输沙特征决定了该区域海岸侵蚀严重。从20世纪80年代开始，海岸侵蚀总体趋势为淤积，其中最大侵淤量为3000米，总侵淤面积108平方公里，岸段长85公里；最大侵蚀量为260米，总侵蚀面积为2.4平方公里，岸段长5.2公里。

海啸、海蚀等灾害对于港城建设与海岸线生态保护有着较大影响。海平面上涨导致海岸线持续北移，这在城市建设过程中也需要加以考虑。且随着唐山港年货物吞吐量跻身全球港口前十位，港口安全问题显得尤为重要。2015年天津港发生的重大火灾爆炸给国内大型港口的安全问题敲响了警钟。综合防灾减灾工作需要涉及海洋类灾害以及临近海洋区域的安全问题。

5. 洪水灾害

不同于历史上由于缺乏治水设施而导致的洪水频发，现如今唐山市域内主要水系都得到科学有效的治理，当前城市水灾主要表现形式为暴雨造成的城市内涝。这也是国内很多城市近年来面临的新型灾害，严重时对于城市生活生产以及居民人身财产安全均会造成不良影响。自1976年至今，唐山市区发生强降雨近20余次，多次造成较大范围的内涝。尤其是近年来中心城区几乎每年都会发生城市内涝，如2011年7月29日，虽然降雨总量不大，但历时长，降雨强度大，导致长宁道、河西路区域部分住宅、商铺底层及地下车库被淹，地面积水达0.8米。随着城市下垫面硬化比例不断增大，内涝问题日趋严重。

6. 气象灾害

大气污染，特别是大气中细颗粒物（即PM2.5）浓度超标已经发展为影响居民生活与健康的灾害。与较粗的大气颗粒物相比，细颗粒物粒径小，富含大量的有毒、有害物质，且在大气中的停留时间长、输送距离远，因而对人体健康和大气环境质量的影响更大。且细颗粒直径越小，进入呼吸道的部位越深。10微米直径的颗粒物通常沉积在上呼吸道，2微米以下的可深入到细支气管和肺泡。据悉，2012年联合国环境规划署公布的《全球环境展望5》指出，每年有近200万的过早死亡病例与颗粒物污染有关。2013年世界卫生组织下属国际癌症研究机构发布正式报告，首次指认大气污染对人类致癌，并视其为普遍和主要的环境致癌物。唐山因矿而兴、工业立市的传统决定该地区空气污染一直存在。如今唐山正处于由传统工业城市,向创新型绿色生态城市转型的关键阶段,PM2.5 以及酸雨等大气类灾害将是唐山无法回避的灾害。

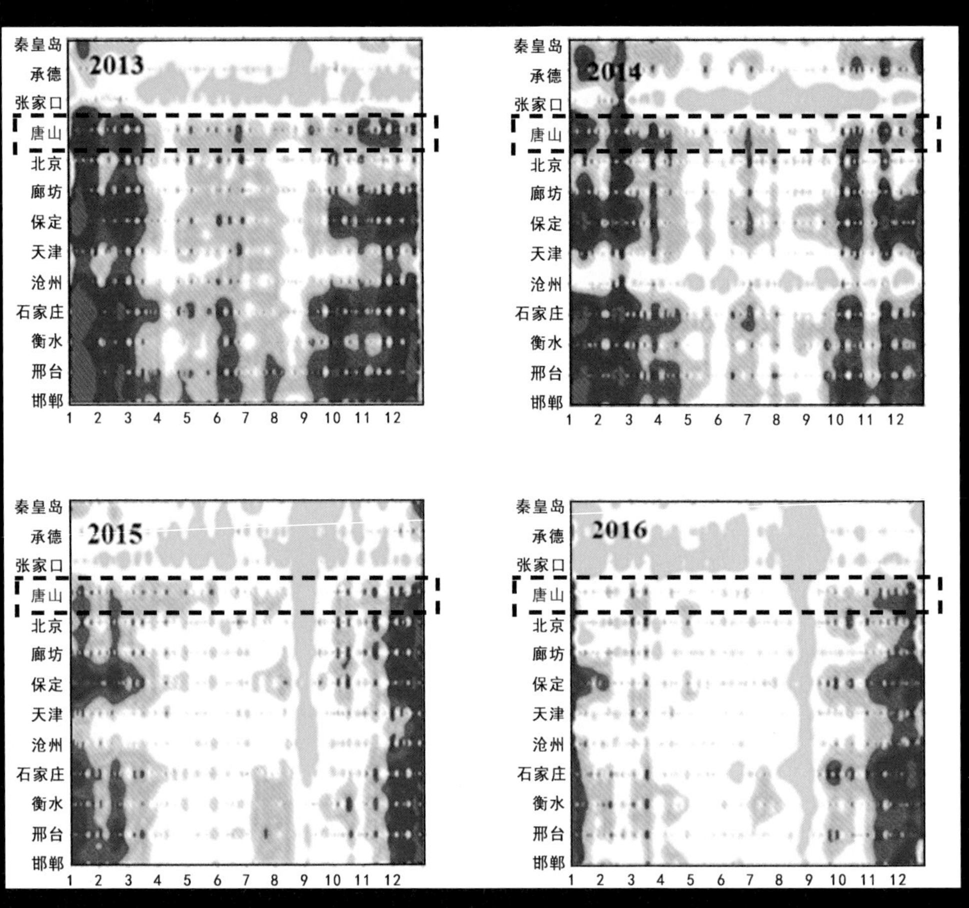

图 5-4 2013-2016 年京津冀地区雾霾情况统计
(图片来源:唐山市城乡规划局)

7. 其他灾害

由于城市是各种要素高度集中的地区,经济密度大,人口众多,一旦发生灾害,会对社会造成较大扰动,损失严重。随着唐山城市化进程的不断加快,城市规模也在不断扩大,截止到2016年,中心城区建成区面积约为169平方公里,150 万人,城市安全面临着更高的风险,对城市的安全运行提出了更高的要求。如城市中半数以上的高层建筑面临火灾的风险,高层火灾具有火势蔓延快、疏散困难和扑救难度大的特点，已经成为威胁城市公众安全和社会发展的主要灾害之一；如大规模传染病暴发等突发事件引起的社会危机，2003 年“非典”的大规模暴发，引起了包括医务人员在内的多名患者死亡，曾一度引起社会恐慌；另外，随着科技的发展，以大规模存储技术为基础，把城市的各种信息在网络上进行数字化虚拟建立的数字城市，在给城市带来便捷的同时，也存在着数据信息丢失带来的巨大风险，数据安全问题将是未来城市综合管理运营平台的核心问题……城市方方面面面临的风险日益加大，均需要在城市建设和综合防灾减灾中加以考虑。

基于唐山的灾害历史与当前城市建设特点，研究、界定城市灾害风险，将本次回顾、总结与研究明确在一个具有实际指导意义的范围内。在此范围内深入探讨城市作为当地文化贮存、流传、改造的场所，在其不断变化着的物质形态与生活生产方式背后，灾害风险水平的加剧机制与应对策略。

二、扩张中的城市，加剧中的风险

1. 扩张中的城市

城市扩张表现在空间上通常有两种方式，一个是横向扩张，即用地规模、人口规模的扩张，另一个是纵向延伸，即城市在高度上的不断扩张。

（1）规模扩张

过去的 40 年，中国城市化水平发生了急速增长，全国城市人口从 1978 年的 18% 上升至 2008 年 46%,中国社科院发布的首部《宏观经济蓝皮书》中预测，2015 年中国的城市化率为 52.28%，2020 年为 57.67%，2030 年将达到 67.81%，而 68% 左右可能是中国未来 20 年城市化发展的顶部。

唐山作为东部沿海城市，其城市化速度高于全国平均水平。1986 年地震十年后，市域城市化水平为 21.1%，2016 年震后四十年，市域城市化水平达到 56% 左右。这一过程反映在城市形态上便是城市规模的不断扩张，无论是城市建成区规模还是城市开发强度、城市建筑高度方面，都在震后四十年的时间里经

图 5-5 唐山市建设用地规模演变图
（1957 年城区现状）
（图片来源：唐山市城乡规划局）

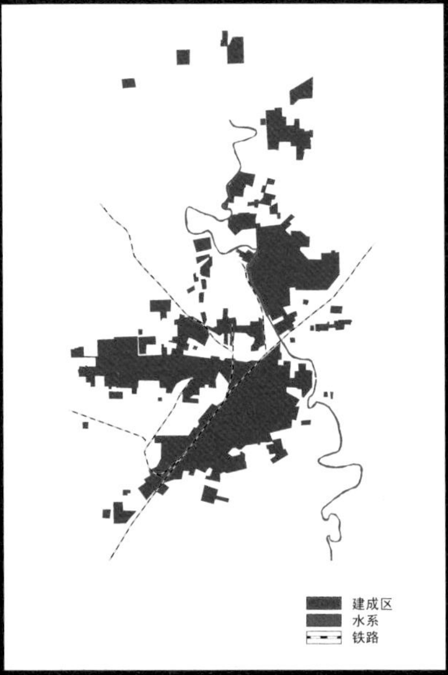

图 5-6 唐山市建设用地规模演变图
（1965 年城区现状）
（图片来源：唐山市城乡规划局）

图 5-7 唐山市建设用地规模演变
（1976 年城区现状）
（图片来源：唐山市城乡规划局

图 5-8 唐山市建设用地规模演变图
（1985 年城区现状）
（图片来源：唐山市城乡规划局）

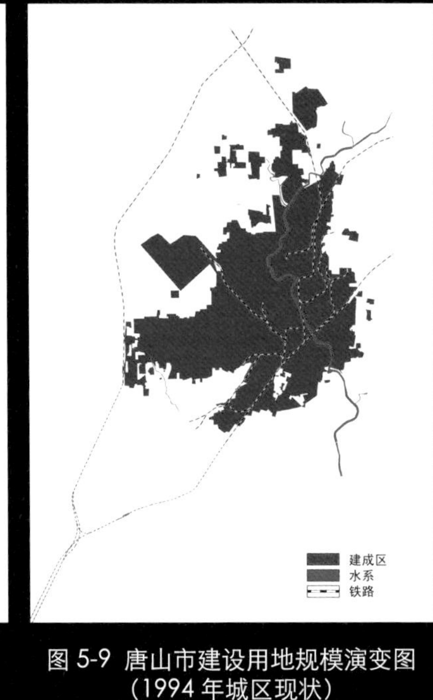

图 5-9 唐山市建设用地规模演变图
（1994 年城区现状）
（图片来源：唐山市城乡规划局）

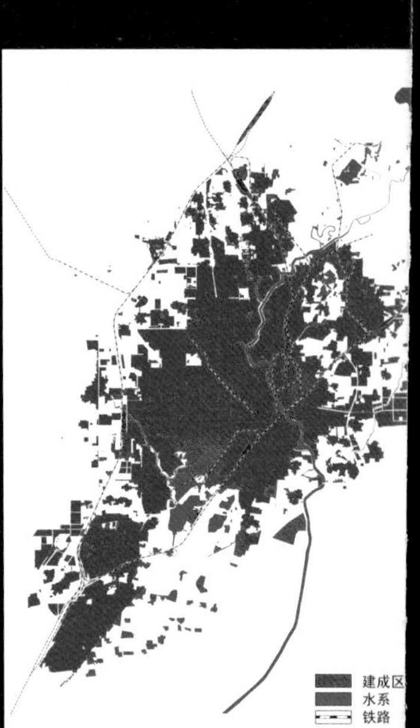

图 5-10 唐山市建设用地规模演
（2015 年城区现状）
（图片来源：唐山市城乡规划

历了急剧变化。图5-10至图5-10可以直观地反映出唐山中心城区自1956年以来城市用地规模的增长情况。

如前所述，1956年唐山市第一个正式的城市总体规划《唐山市城市总体规划》完成，确定城区人口规模为35万人，用地规模为40平方公里。1977年《唐山市恢复建设总体规划》确定市区人口规模为25万人，用地规模为27平方公里。1985年编制完成《2000年唐山市市区城市建设总体规划》，重点解决恢复建设中的遗留问题。确定中心城区人口规模为55万人，用地规模为64平方公里。1994年编制完成的《唐山市城市总体规划（1994—2010年）》，提出市域发展重点应逐步向沿海地区转移，奠定了“以港兴市”的发展战略。确定中心区选择机场地区为未来发展用地。机场新区即今天的凤凰新城，正式拉开了城市大规模建设新城的序幕。改版规划确定至2010年，中心城区人口规模为81万人，用地规模为80平方公里。2011年《唐山市城市总体规划（2011—2020）》经国务院批准后沿用至今，首次提出市域范围内以中心城区和曹妃甸区为两核发展的战略布局。确定中心城区包括中心区、开平区和丰南区的城区部分，至2020年中心城区人口规模为220万人，用地规模为210平方公里。

通过历版总体规划的编制情况可以清晰看出中心城区经历了城市用地异址、扩张、收缩到大规模扩张的详细过程，建设用地规模由新中国成立初期11平方公里发展到现阶段约169平方公里。城市用地规模的扩张意味着防灾减灾的责任主体在不断加大。

（2）高度扩张

1976年入冬前，各个机关单位和解放军，在马路边和废墟上盖起40万间简易房供唐山人过冬。一句顺口溜“登上凤凰山，低头看唐山。到处简易房，砖头压油毡”就是当时的现状。1979年下半年，唐山市大规模复建开始，震后20年内，5层左右的“抗震楼”是唐山不变的面貌。当时的“抗震楼”是全国先进住宅的代表，墙体敦厚、外观简洁统一、室内格局紧凑，也被当地人戏称为“火柴盒”。因为鲜有高楼，加上住宅楼土黄色和白色的外立面、火柴盒一样的造型，使得整座城市看上去像是紧紧趴在地面上。当时，13层的唐山饭店是

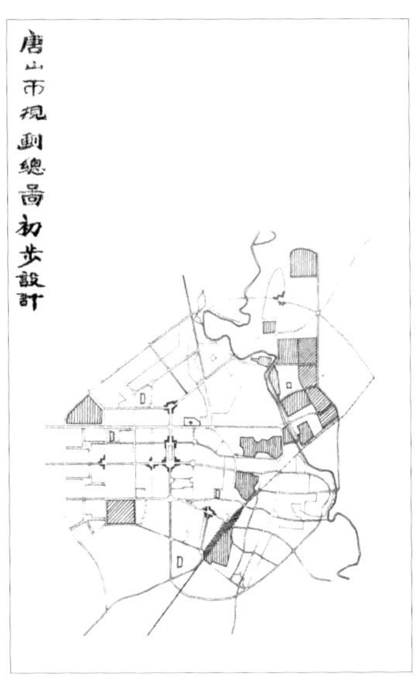

图 5-11 唐山市总体规划编制历程图（1956 年城区规划）（图片来源：唐山市城乡规划局）

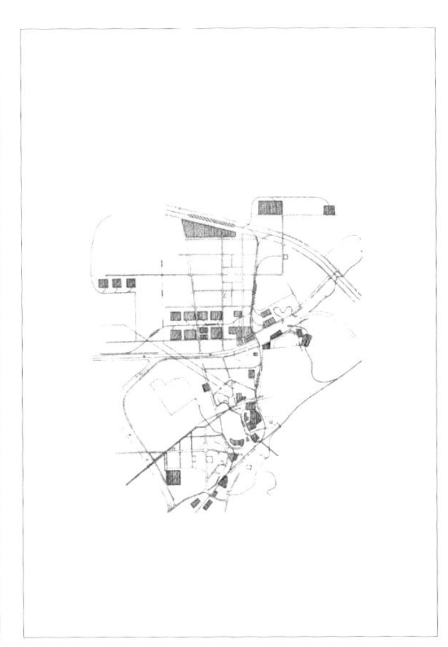

图 5-12 唐山市总体规划编制历程图（1963 年城区规划）（图片来源：唐山市城乡规划局）

图 5-13 唐山市总体规划编制历程
（1976 年城区规划）（图片来源：唐山市城乡规划局）

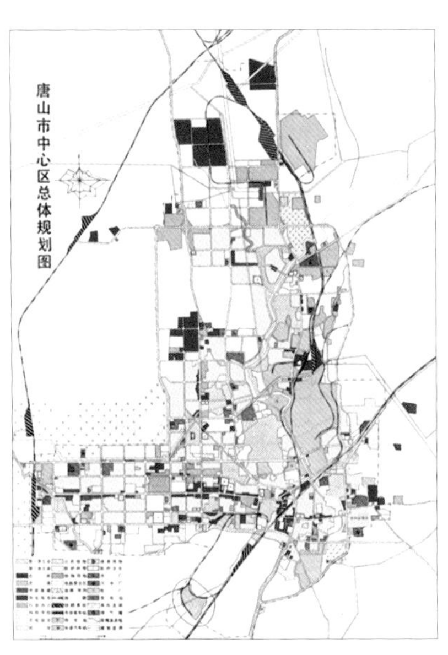

图 5-14 唐山市总体规划编制历程图（1985 年城区规划）（图片来源：唐山市城乡规划局）

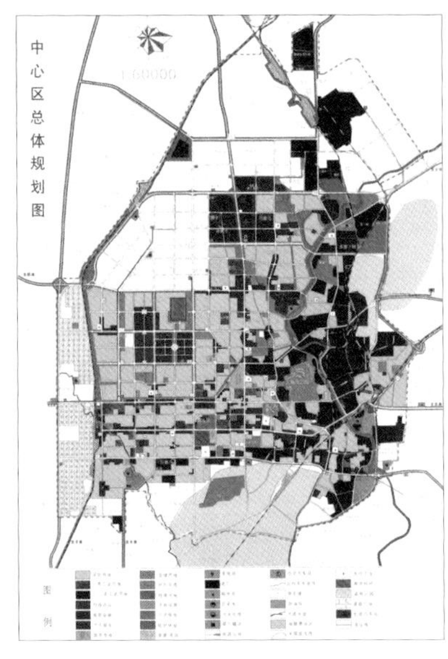

图 5-15 唐山市总体规划编制历程图（1994 年城区规划图）（图片来源：唐山市城乡规划局）

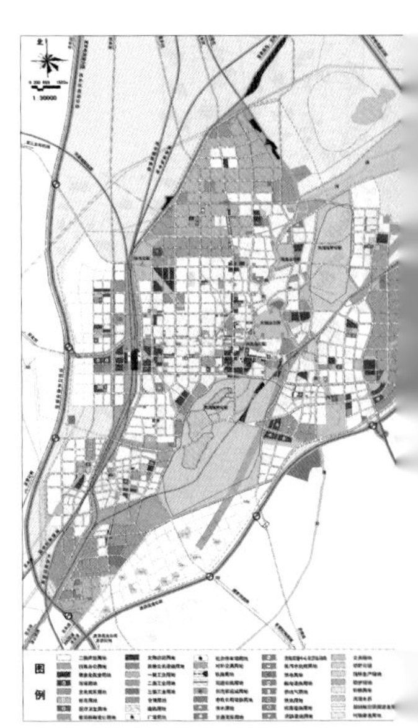

图 5-16 唐山市总体规划编
历程图（2011 年城区规划
（图片来源：唐山市城乡规划

唐山市区最高的建筑。

1984 年,高 5 层的唐山百货大楼开业,254 米的“条形楼”横卧在新华道旁,成为唐山市最大的百货商店。两年后——震后十周年之际,在百货大楼的斜对面,总高 33 米的唐山抗震纪念碑落成，成为城市的一个制高点。

20 世纪 90 年代，住房制度改革在全国逐步推开，楼层渐高的商品房和办公楼，开始改变以往整齐划一的建筑风格，在唐山市最繁华的新华道旁出现，33 米高的纪念碑已经被周围的商业综合体和高层住宅超越。2000 年以后建设的高层住房总量已占到全市住房总量的 69%。目前，唐山市中心城区半数以上区域已被高层建筑所覆盖，新建住宅平均高度已达到 15 层、45 米高左右，最高 100 米建筑也已经占到新建住房的三分之一，地震重建后的“火柴盒”已进入衰老期——从外观上看，这座城市与全国其他年富力强的城市已无差别[1]。

由此可以看出，住房高度的变化过程：经历单层简易房，约 4 米，至多层，约 20 米，到 33 米，45 米至现阶段百米高的建筑也占据了总建筑的 20% 以上，城市高度的不断扩张，带来更多的是防灾救援难度的加大。

（3）基础设施建设

除了规模和高度，城市扩张的另一个重要方面是基础设施的建设。几十年来，随着工业和其他建设事业的发展，市政建设和公用事业也获得了一定的发展。各项市政公用设施都有了飞快的增长，城市供水管线总长度，从 1949 年底的 12 公里，到 1961 年底增长到 120.13 公里，是原来的 10 倍，1975 年又翻了一番，供水管线总长度 208 公里，1986 年增长到 546 公里，形成了比较合理的环形网络，2005 年长达 1714 公里，到 2012 年底，唐山市中心城区已经形成了相当完善的供水系统，供水管线总长度 1968.4 公里。

城市供水总量，从 1952 年的 91 万立方米，到 1965 年底增加了十倍以上，达 1174 万立方米，1975 年又增长两倍多，供水总量达到 3084 万立方米，1992 年供水总量 13865 万立方米，2005 年随着唐山市城市的扩张，总供水量高达 21313 万立方米，至 2012 年稳步增加到 26169.88 万立方米。

[1] 李兴丽 . 铭记丨唐山不惑：一个城市震后 40 年的成长与改变 [N]. 新京报，2016-07-28.

道路总长度，从1949年的12.35公里（其中铺有高级路面的7.56公里），到1961年底增加到123.95公里（其中铺有高级路面的20.69公里），1992年底铺装道路长度520公里，2005年底铺装道路总长度1207公里；2012年末道路长度1596公里。

图 5-17 发达的高速公路
（图片来源：唐山市规划展览馆）

下水道总长度，从1949年的9.77公里，到1961年增长到155.16公里，1975年改善、修葺原有排水管道，总长度达到171公里，1992年底排水管道长度718公里，2005年排水管道总长度1365公里，2012年2278.82公里。

唐山市中心城区桥梁数量统计，从1949年的7座，到1961年底增长到29座（永久性的25座），到1986年增长到公路桥69座，铁路立交桥23座，涵洞30座，到2005年，中心城区实有桥梁数量达到111座。

唐山市中心城区范围内公共汽车数量，从1953年只有两辆车，到1961年底增加到36辆车（其中完好的12辆），到1975年公共汽车数量增加到95辆，路线13条，客运公里为45.32公里，客运量达3000万人次/年。[1]接下来的几十年，唐山市中心城区公共汽车数量飞速发展，2005年和2012年分别增加到1865辆[2]和1706辆[3]。城市市政公用设施的迅速增长，有力地支持了工农业生产，便利了群众生活。

在过去的四十年中，唐山市中心城区普遍长了“块头”，长了“个头”，各项基础设施日趋完善。“被城市化”会带来什么样的后果？民间有一种说法，“城

[1] 唐山城市建设志编纂委员会．唐山城市建设志 [M]．天津：天津人民出版社，1991.

[2] 唐山市统计局．唐山统计年鉴 [M]. 北京：中国统计出版社，2006.

[3] 唐山市统计局．唐山统计年鉴 [M]. 北京：中国统计出版社，2013.

市大了，空间小了；人口多了，交流少了；城市洋了，特色没了；档次高了，生活难了”。在城市居民看来，城市过快扩张和人口过度膨胀以后，他们得到的不是方便，而是烦恼；不是平静，而是风险。随着城市的扩张，其防灾、减灾能力却减弱了，城市风险也在日益加剧。

2. 加剧中的风险

新中国成立初期，唐山市的城市化率只有10%左右，城市规模不大，城市密度较低，结构简单，功能有限。城市管理当时面临的难题，主要是环境污染、卫生条件差、安全无保障等所谓的“城市问题”。后来，城市问题伴随城市的扩张而不断增多,继而演变成“城市危机”。不管是“城市问题”还是“城市危机”，都没有因此影响到城市自身的安危。然而,当城市演变成一个复杂的社会有机体，演变成一个巨大的运行系统时,“城市问题”或“城市危机”就变成了“城市风险”。随着城市的扩张，“城市风险”会日益加剧[1]。

由于唐山市的不断扩张，使得城市日益成为最容易爆发风险的地区。其表现在于：第一，唐山市用地规模的不断扩张，使得一些外围工矿用地陆续被纳入城市规划区或建成区范围内。导致诸多危险局面的出现。第二，唐山市的过快发展造成了城市的生态失衡，城市的生态失衡必然带来环境恶化和风险加剧。第三，由于唐山市城市规模的扩大以及开发强度的提高，导致城市风险的加剧。如城市内涝、高层建筑防火等问题。第四，科学技术的快速发展。支撑现代城市生存和发展的基础主要是科技，科技是把双刃剑，科技发展的副作用给城市带来的损失是不可估量的，如汽车行业的快速发展导致的交通拥堵问题等。

（1）工业围城

唐山市中心城区及近郊小城镇重新布局后，中心城区作为产业服务和生活居住中心，约40平方公里工业用地需向外转移。近郊小城镇成为重要的产业转移承接地。中心城区北部的国家高新技术产业开发区，辖区面积近100平方公里，规划以高新技术产业为主，但现状非高新技术产业占比较高，例如制药企业、零部件制造企业等。中心城区西部为路北区新兴制造区，规划近15平方公

[1] 魏华林．中国城市风险的形成背景及其原因[N]．中国保险报，2015-05-21．

里，规划以国家战略新兴产业为主，现状园区处于起步阶段，企业陆续入驻。中心城区南部为河北丰南经济开发区、路南高新技术产业园区，各占地近10平方公里。前者发展较成熟，以钢铁产业为主，工业污染情况较严重，后者处于谋划阶段。中心城区东部，河北开平经济开发区，规划远期100平方公里，以大型装备制造业为主。工业围合之势已形成，工业污染隐患潜伏。这些工业用地从东南西北各个方向将唐山市中心城区包围，导致传统的风道被封死，一定程度上阻塞了城市风道，加剧了中心城区的雾霾。既影响了城市的可持续发展，也给环境治理带来巨大困难。

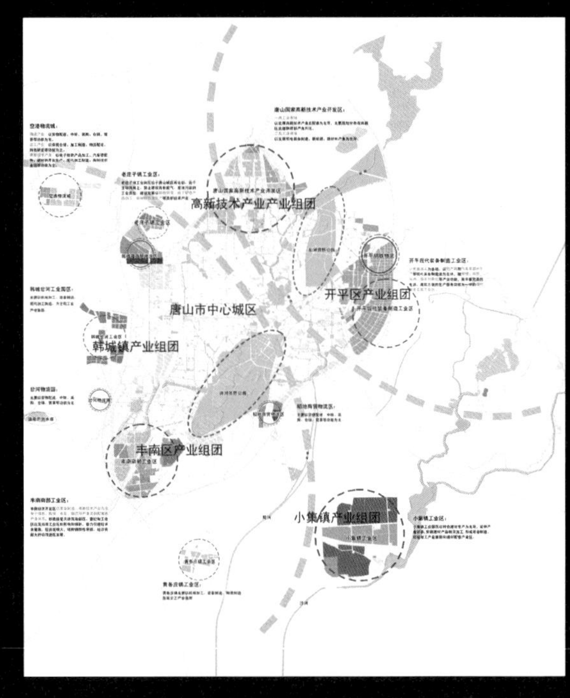

图 5-18 唐山市中心城区四周工业园区分布图

（2）生态涵养区

唐山市的快速发展在提升城市文明品质的同时，也给城市带来了诸多风险。过快的城市发展造成了城市的生态失衡，城市的生态失衡必然带来环境恶化和风险增加。

2011年批复的《唐山市城市总体规划（2011—2020年）》提出大力培育北部地区生态涵养功能，确定中心城区北部生态涵养区近200平方公里。随着唐山市城市的扩张，该范围内已有若干已建项目，多个规划已开始编制，其中老庄子镇总体规划已批复,常庄镇总体规划已有初步方案。随着规划的进一步实施，唐山市中心城区北部生态涵养功能不能完全保证，生态环境将遭到破坏……其中，农业面源污染非常严重。主要是种植业、养殖业、农村生活活动中形成的溶解或固体的污染物，从非特定的地域，在降水和径流冲刷作用下，通过农田地表径流、农田排水和地下渗漏，进入受纳水体所引起的污染[1]。近些年来随着城镇化和工业化推进，工业污染日趋严重。另外还有交通污染，比如汽车尾气等。城镇生活“三废”、沿线水土流失仍对生态涵养区有较大威胁。因此必须高度重视环境治理和生态建设，寻求一条经济发展与生态环境保护相协调的发展路径，实现可持续发展。

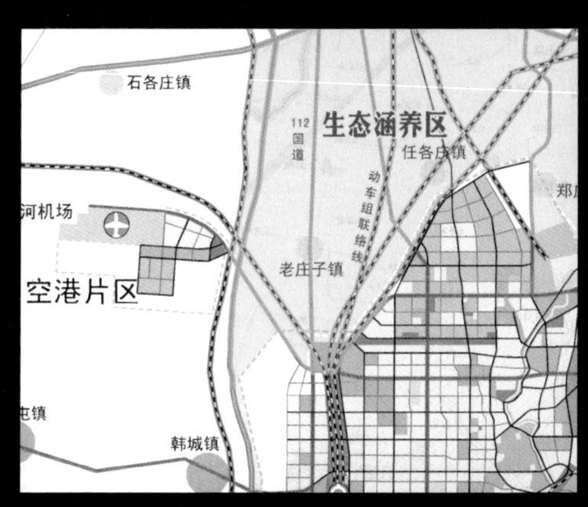

图 5-19 北部生态涵养区总规规划图

图 5-20 北部生态涵养区控规拼合图

（3）隐藏的风险，频发的灾害

随着中心城区规模的扩张，硬化程度的加大，开发强度的提高，城市安全面临着严峻的挑战和威胁。隐藏的危险，如地震、地质灾害，一旦发生，将损失惨重。中心城区不良地质区域主要分布在东部，包括地震断裂带、液化区、岩溶坍塌群发区等。主断裂的控制带和不宜建设区域并未完全有效避让。公园、广场、学校操场等疏散场所并不被人们熟知，未设置明显标志，未配套应急水源、取暖、照明等设施。

内涝、火灾，科学防范，规避风险。地势平坦、汇水范围大、管网排水能力不足、肆意侵占河湖湿地，是造成内涝的主要原因，城市面积扩张带来的热岛效应，加剧了内涝灾害的破坏程度。以长宁道（龙泽路—河西路）区域为例，该区域曾为陡河河道，地势低洼，经过20世纪80年代陡河改道，该区域被开

[1] 刘治彦．生态涵养区怎样实现可持续发展 [J]. 人民论坛学术前沿，2015，9.

发为远洋城商业区。2000 年后，以嘉美广场、诚成尚品为代表的高强度小区相继在该区域开工建设，但是市政管网排水能力并未得到及时有效的提升，从而导致该区域容易发生内涝。

如今的唐山市，随着横向和纵向的不断扩张，已是鳞次栉比，高楼林立。如果这些高楼发生火灾，按照现行的消防技术装备水平，消防人员面对 30 层以上的高楼火情几乎是爱莫能助。摩天大楼一旦发生火灾，财产损失或人员伤亡在所难免。

（4）科技发展带来的风险

科技发展给城市带来了便捷，同时也带来了风险。城市规模越大，安全布局的合理性就越高，一旦其中某个部位或环节出了问题，就会造成想象不到的风险。比如汽车快速发展引发的隐患：由于人均拥有小轿车的快速增加，唐山市城市交通拥堵正在全面爆发。随着车辆保有量持续增加，城市道路面积又由于空间结构的限制难以同步增加，再加上城市高架桥、大院落扼杀了绿色交通、步行交通。交通拥堵导致空气污染加剧，又使原本骑车出行的人们转乘私家车，造成了恶性循环[1]。

再比如随着科技的快速发展尤其是进入工业化快速发展时期后，雾霾天气频频影响着人们的生产和生活。雾霾天气的治理是一个长期而艰巨的工程，“减少污染源，削减大气污染物是解决雾霾的根本之道。”河北省明确表示，要削减近三分之一钢铁产能来治理大气污染。只有全民参与，共同落实《大气污染防治行动计划》，灰蒙蒙的天空才能早日重现清澈的蓝天[2]。

再如网络安全问题。在这个全新的科技时代，移动支付已成为一种日常生活方式。人们已经习惯于用手机支付宝网上购物、超市付款、餐厅消费甚至交纳水电费……移动支付带来便捷生活的同时，也带来了花样繁多、无处不在、如影随形、防不胜防的各种风险，对个人信息和财产产生严重的影响和威胁。

随着唐山市城市规模的不断扩张，其面临的城市风险也日趋复杂，日益加剧。

---

[1] 中国城市科学研究会 . 中国城市规划发展报告（2015-2016）[R]. 北京：中国建筑工业出版社， 2016.

[2] 河北新闻网. http://comment.hebnews.cn/2014-02/19/content_3788775.htm.

各类灾害风险对唐山市的影响越来越广泛和深远。同时，唐山市防灾减灾救灾工作面临诸多挑战，部分地区综合减灾能力较为薄弱，防灾减灾科技支撑能力还显不足，社会力量参与救灾机制尚不健全，公众防灾减灾意识需要进一步增强。尽管局部地区已经启动了“海绵城市”、“综合管廊”、“防灾减灾”和“地下空间专项规划”，而且国家层面也有相应的财政补贴，但城市防灾减灾仍然需要整体规划与建设，需要完善、健全各类救灾机制，需要发动社会力量共同参与。

三、技术的局限

在城市面临日益复杂风险的同时，现代技术以其无孔不入的渗透性，塑造并影响着人类的生活。当前任何一个领域都无法回避对技术的思考。

如今，每一座城市都置身于一个全新的技术时代。大数据、低碳技术、云计算、3D 打印、VR 虚拟现实、互联网 + 等时尚又前沿的概念正引领着城市通向更加智慧的未来。世界各地的规划师、建筑师和城市管理者满怀信心地追随着各类前沿技术，并希望依靠新技术解决日益严重的各类城市建设问题。

防灾减灾便是城市建设者和管理者们重点关注的领域之一。从早期认为灾害是上天或神灵的惩戒，到人类逐渐开启对灾害的探究和阐释，并利用不断发展的生产力自觉和不自觉地控制及征服自然，再到 21 世纪，地理信息系统（GIS）、遥感和网络技术、人工智能系统工程等技术迅速发展，城市应对自然灾害的能力越来越强。唐山，经历过重大灾难，尤其重视防灾减灾工程。历经 40 多年的建设，这座城市已经具备了先进的专业地震台，装备齐全的消防站，规模庞大的防洪排涝设施、避难保障工程，城市防灾水平、防灾意识都在迅速提升。

正是科学技术在物质文明上创造的惊人奇迹不断增强了人们对科学技术的信仰和崇拜，使不少人认为技术可以解决人类面临的一切问题，包括抵御甚至避免各种灾难。然而，近年来，面对城市系统的日益庞大复杂，地震、洪水、爆炸等灾害对城市的打击并未明显减轻，甚至威胁还在不断加大。对于还在发展中的唐山来说，科学技术从抽象上来看似乎力量无限，但具体来看，从面对

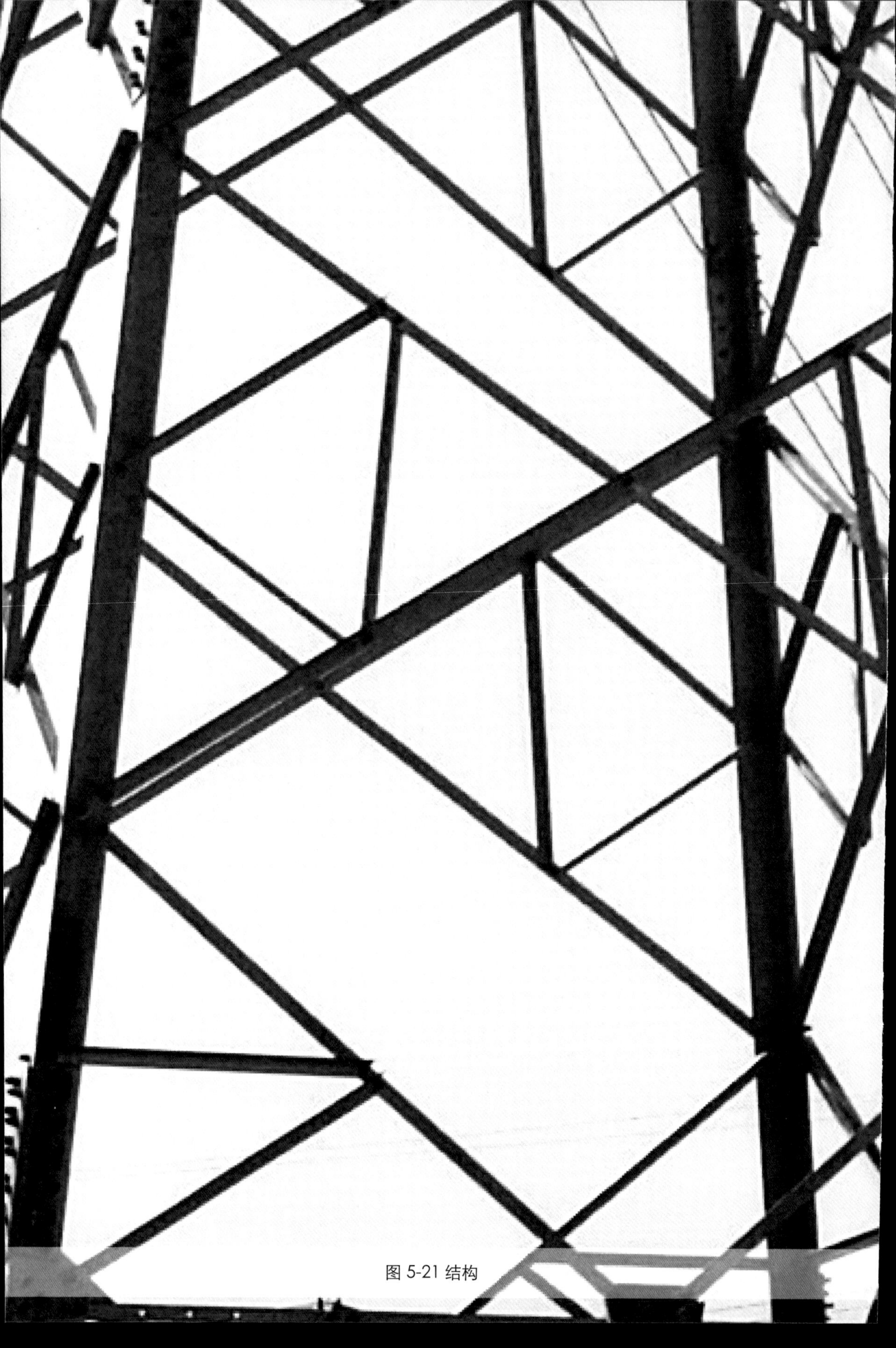

图 5-21 结构

自然灾害的应用效果来看，却常常显得力不从心。

防灾减灾技术具体来说分为灾害预测与预警技术、灾害防御技术、灾害救援技术。

灾害预测与预警技术一直是科学界关心的领域。目前，灾害监测预警已经具有了相当高的可靠性，包括气象灾害、防汛抗旱、森林火灾、矿山安全等领域均受益于此，实现了一定程度上的防灾减灾。但是由于自然条件的变化、人类认知水平的局限以及人类活动等因素的随机性和不可控制性，对灾害作出准确可靠的时空预测仍然十分困难。

地震作为一种极其常见而又极具毁灭性的自然现象，其预测技术仍以经验为主，尚无可靠的方法来准确预测短期地震。而相较于因自然本身的复杂性所导致的地震预测困难，洪水内涝等气象灾害预测技术则较为成熟。但在现实条件下，由于防范风险的意识不足，城市建设中重视工程建设，轻视管理和调度，导致相关资金、人才的投入缺失，唐山等大多数城市在应对洪水内涝时依然更多地依靠政府部门的防洪经验。

鉴于灾害预测的难度、可靠性以及实际应用中的困难，从科技投入到城市管理，防灾重点更多的是放在灾害防御与救援上。

经历几个世纪的发展，在自然灾害的不断打击下，各城市总结经验、相互借鉴，抗震加固、防洪工程、消防工程等一系列灾害防御技术飞速发展。然而城市系统复杂化所带来的安全风险却没有得以降低。在现实面前，城市的承灾能力仍然显得十分脆弱。

在抗震领域，抗震设计规范明确了各类建筑工程抗震设防的最低安全要求。规范的持续更新发展不仅是由于科学技术本身在不断进步，更是由于近年来地震造成的破坏性使人们不断意识到现有规范的局限性及其应用中的问题。2008年汶川地震实际地震烈度远高于预定的设防烈度，一些工程结构按照规范预定的抗震设防标准较低，造成了巨大的损失。这显示现有技术水平及科学认知下划定的地震烈度区划并不能保证完全准确。同时，结构材料的性能目前仍没有被充分掌握，结构模型与实际的偏差以及人为错误等导致对结构抗力的估计无法准确。这在多次地震中也得以证实:同一地点，有的建筑损坏严重，甚至倒塌，有的较轻；在高烈度区，有一些抗震性能较好的钢筋混凝土结构倒塌了，而抗震性能相对较差的砌体结构却裂而不倒。此外，实际应用中，老旧房屋、特别是农村房屋没有抗震设防，施工质量等存在问题，均造成实际抗震能力无法达到预期。

消防安全问题涉及社会的每个行业、每个部门、每个单位，甚至每个家庭，设计、施工、维护、运行、生活各个环节中防火技术的应用无处不在。然而火灾伤亡事故的层出不穷，也反映出防火技术发展与应用中的无奈。单从材料角度来看，建筑防火材料是决定建筑自身安全的重要因素，全国 400 多亿平方米存量建筑中，有大量建筑采用可燃甚至是易燃的保温材料。如何预防采用可燃保温材料的既有建筑失火是个重大问题。虽然随着技术进步，选择理想的保温系统、科学的施工管理会对新建建筑的保温防火风险加以控制。但是行业存在的现实问题，导致建筑的防火风险并没有真正得到减少。例如，施工环节常会发生实际使用保温材料的防火等级低于设计标准的情况——如设计为 B1 级保温材料，而施工时擅自改为 B2 级甚至 B3 级保温材料的现象比比皆是，这都是现实中重大的火灾隐患。

在城市排涝方面，唐山市排水设施按照规范设计的暴雨重现期为 2 至 3 年，大部分城市在建设中也普遍选取标准下限（2014 年修订国家标准《室外排水设计规范》GB50014—2006）。但是，随着城市扩张，热岛效应加剧，多余的热量会破坏城市地区空气循环的稳定，导致城市降雨强度持续增大。因此，尽管城市不断修建排水管道，但遇到特大暴雨，仍然导致多个地区被淹。可以说，在应用过程中，自然的变异性使其不断挑战及超越人们从经验中获得的“共识性”的防灾技术。

灾害救援技术的应用与更新一直是防灾减灾重点研究领域。随着人类社会的发展,人与社会的关系日益密切与复杂。对于诸如地震、洪水、火灾这类突发性、破坏性的灾害事件来说，社会救援的效果往往起着决定性作用。

从 1976 年唐山大地震单纯依靠人力和简单的工具，到如今机械救援、医疗救助、物资保障、心理干预等专业性、系统性、综合性的救援方式，地震救援效果已经有了长足的改善。在2008年5月12日的四川汶川大地震的搜救中，数万名被困的同胞在生命探测仪的帮助下获救。2013年四川雅安地震中，国产无人机首次出现在大型震灾区，传回的影像资料为救援工作提供了高效、准确的信息，还为新闻报道提供及时有效的报道素材。此外，工业内窥镜、遥感技术、远程医疗等逐渐在救援搜索中占据主导，极大地提高了救援效率。但是，面对抗震救灾仅有的72小时黄金时间以及乡村城市化和城市大型化所带来的建筑破坏的复杂性，现有的地震救援技术仍然存在较大局限。众多震例表明，地震中有30%～40%的人因震后得不到及时救助而被闷死、呛死、失血过多或饥渴而死，有10%～20%的人因地震的次生灾害如火灾、水灾、疫病等陆续致死。

图 5-22 唐山大地震简单人力救援（图片来源：《唐山百年》）

图 5-23 国产救援机器人在芦山地震中开展救援工作（图片来源：http://bj.loupan.com/html/news/201304/774809.html）

在消防救援方面，唐山市中心城区已经配备了11座消防站、1处消防指挥中心和2个特勤消防大队。消防装备由单一的水罐消防车发展到如今的泡沫消防车、云梯消防车、特勤消防车等。在现实情况下，现有消防站服务能力理论上可以达到7平方公里，但面对日益拥挤的道路、超高层的建筑、复杂的工艺燃料，消防救援的实际服务范围远远达不到理论分析，救援效果大打折扣。

自古以来，科学技术就是第一生产力。人类的历史长河，总是离不开科学技术的支持。科学技术的应用和不断发展，带给了城市方便与便捷。单纯在防灾减灾领域，唐山已经取得了巨大成就，抗震、矿山安全等方面的防灾水平全国领先。然而，在不断前进的过程中，持续不断的自然灾害表明先进的科学技术发展与城市的实际应用水平存在着明显不平衡。随着高层建筑越来越多、越来越密，地下空间越来越深、流线越来越繁复，城市建设所带来的灾害风险在日益加剧。与此同时，对于唐山来说，防灾减灾科技资源和技术推广还相对滞后，先进设备的应用、高科技人才的配备、系统管理的水平与科学技术的发展水平存在很大差距，城市现有的城市防灾减灾能力仍有不足。在反思城市建设中科学技术的局限性，科学技术的实际应用水平的基础上，更需要清醒地认识到：在城市建设中，管理者们、设计师们应在尊重自然、尊重科学的基础上，从实际出发，提出与城市发展相适应的、切合实际的防灾减灾策略。

图 5-24 消防车

四、汽车之殇

科技进步给人们带来高品质生活的同时，也给自然生态环境、人类心理与身体等带来负面效应，其中汽车问题已成为全人类关注的热点问题。

自 1976 年至 2016 年 40 年期间，唐山综合经济实力跃上新台阶，2013 ~ 2016 年连续四年全市地区生产总值突破 6000 亿元大关。经济发展使得人们购买力不断提升，对汽车的需求量日益增加，同时城市的快速扩张使得越来越多的区域必须使用汽车才能到达，致使汽车保有量不断攀升。由于交通基础设施建设远远滞后于汽车发展，小汽车潜在的威胁开始显现，不仅造成灾时人群疏散、紧急救援展开困难，也增加了能源浪费、废气排放、噪声污染、交通事故，导致灾害升级，如雾霾、全球变暖等气候灾害，不利于城市可持续发展。

1．角色转变

在小汽车初步发展阶段，人们出行以非机动化方式（步行和自行车）为主。此时，小汽车刚刚进入人们的视线，给人们出行带来了快捷与便利，也为城市灾时紧急救援注入了正能量。如在唐山震后初期，救援队伍通常只能徒步背着物资赶往灾区，现在小汽车已在世界各地担当起在危难时刻协助抢救生命的任务，显著提高了救援速度，有效减少经济损失与人员伤亡。

随着小汽车保有量不断攀升，人们出行方式开始转变，私家车出行比例不断上升，自行车出行比例不断下降。此时，小汽车已经进入人们的生活，在给人们带来方便的同时也造成了困扰，不仅对城市防灾救灾构成潜在的威胁，甚至使城市灾害升级。在现阶段的某种程度上，大量的汽车已转变为一种灾难，给城市防灾减灾带来更多的是负能量。

图 5-25 私家车占用消防通道

从 1995 年开始，唐山进入了快速发展时期，经济迅猛增长，城市规模不断扩大，汽车保有量不断攀升。从近十年机动车发展趋势分析（图 5-26 所示），唐山市中心城区小客车拥有量十年净增 50 多万辆。

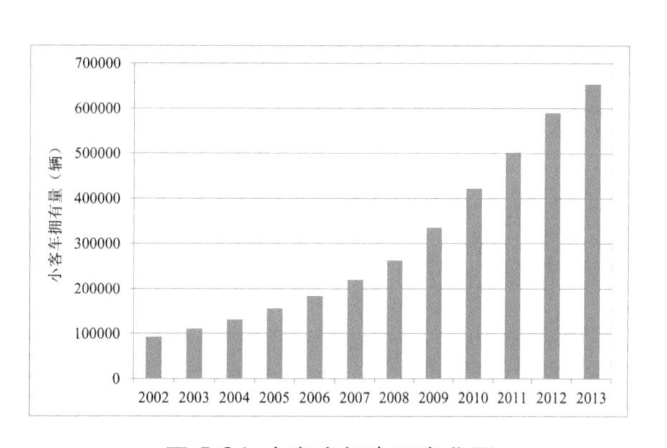

图 5-26 小客车拥有量变化图

不断攀升的汽车也需要更

大的空间来让汽车行驶或者停靠，但交通基础设施建设远远滞后于汽车发展，两者之间的矛盾导致行车难、停车难，严重影响城市防灾救灾工程。

2. 交通拥堵

随着小汽车保有量的不断增长，交通拥堵已成为阻碍居民生活质量提高的几大核心问题之一。交通拥堵具有明显的时段性，主要出现在节假日及早晚高峰时段，据现状调研，唐山中心城区高峰时段新华道、北新道、建设路、友谊路等主干路交通拥堵严重，同时联系跨组团的部分通道也出现拥堵现象，如建华道、老205国道等，拥堵时段主要集中在7:00～9:00和17:00～19:00两个时段。拥堵时段内车辆行驶速度低，甚至导致交通系统中断或者瘫痪。若发生火灾或者爆炸，周围人群无法迅速疏散，消防车和消防员也无法快速到达灾难现场，小汽车成为紧急求援的障碍。

图 5-27 拥堵的建设路

3. 侵占消防通道

在唐山建设初期，居民出行以非机动化方式为主，建筑物配建停车位较少或无配建，导致现状老旧小区停车设施供需失衡严重。新建小区虽然按照相关标准配建了足够的停车泊位，但是由于停车位价格过高，部分居民不愿购买小区地下停车位。据统计，截至2015年年底，唐山市中心城区机动车保有量37.21万辆，停车需求为44.65万个，但停车泊位仅23.28万个，泊位缺口比例达47.87%。停车泊位的严重不足导致小汽车随意停放，停放在周边道路上，甚至侵占消防通道，严重时小区发生火灾，消防车却无法进入内部展开救援，造成了严重的财产损失。

4. 侵占避难疏散场地

城市公共停车场未引起政府的重视，导致规划时未预留足够的停车空间。

在现状城市用地不足的情况下，为了缓解停车泊位供需矛盾，城市开始开发公园绿地或城市广场、学校操场的地下空间，将其改造成地下停车库。

公园绿地在城市中向公众开放的、以游憩为主要功能，有一定的游憩设施和服务设施，同时兼有健全生态、美化景观、防灾减灾等综合作用。防灾减灾作用主要表现在绿地发挥渗水功能，进行雨水量平衡。若对公园绿地地下空间进行硬化,建设地下停车库,可能会使城市渗水率大大下降,导致城市内涝的发生。

城市广场不仅具有组织交通、改善美化环境、提供社会活动场所等作用，还是火灾、地震等灾害的避难场所。若利用城市广场、学校操场的地下空间建设停车库，可能使其无法承担避难疏散场地的功能。

5. 城市灾难升级

汽车保有量的不断增长导致城市灾难升级，交通事故频发，雾霾笼罩城市，给人们的生产和生活造成了严重影响。

通过分析唐山市区历年交通事故变化情况，发现近几年交通事故整体呈增长趋势（如图 5-28 所示）。2012 年的小客车保有量是 2005 年的 3.8 倍，2012 年的交通事故数是 2005 年的 4 倍，表明交通事故数与小客车保有量之间存在某种线性关系。在现阶段，随着小客车保有量的不断增长，交通事故数也在上升。

同时，对唐山市历年城市环境空气质量进行分析，发现 2013 年是环境空气质量的转折点，2013 年以前每年环境空气质量达到二级的天数在 300 天以上，2013 年仅为 106 天，2014 年为 133 天（如图 5-29 所示）。环境空气质量骤降是由多种因素共同导致的，其中原因之一是机动车保有量的快速增长。

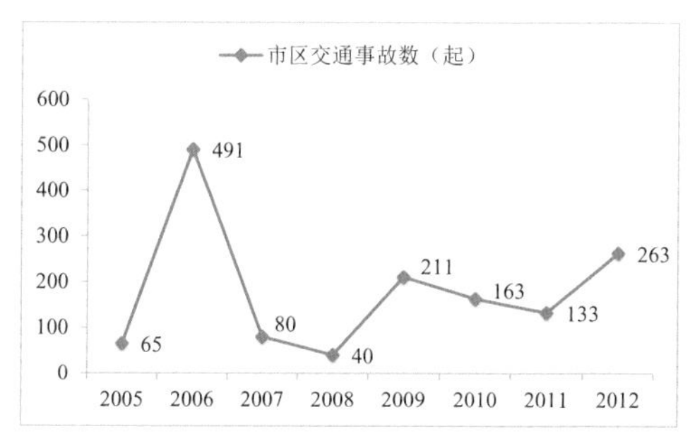

图 5-28 唐山市区交通事故变化图

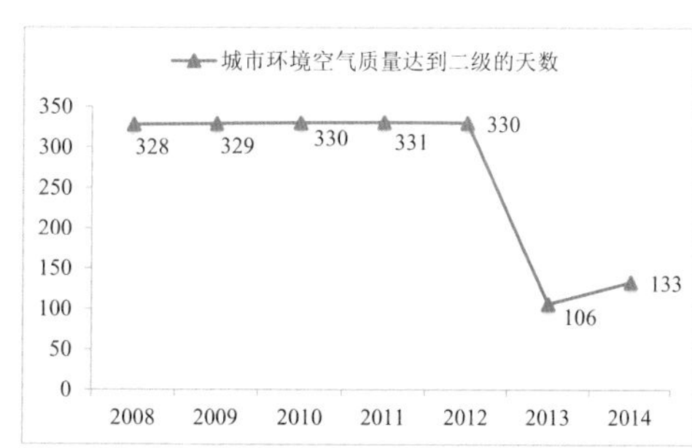

图 5-29 唐山市区空气质量变化图

6. 应对策略

汽车保有量的不断攀升已经严重影响城市交通系统的可靠性，导致灾时救援通道不畅、人员疏散效率不高、交通事故骤增、空气质量下降，使城市防灾减灾工作面临更高的挑战。

小汽车保有量的增长是唐山市经济高速增长的标志之一，严格控制汽车数量增长是不现实的。因此，为缓解交通拥堵状况，降低城市防灾减灾工作难度，应采取相应交通政策控制汽车的增长速度，实现小客车数量的合理、有序增长。比如，上海自 1994 年开始，首度对新增的客车额度实行拍卖制度，上海开始对私车牌照实行有底价、不公开拍卖的政策，是目前全国最早施行私车牌照拍卖政策的城市。政策已实施了 20 年，结果表明对限制机动车数量增长速度起到了一定的作用。

汽车保有量是影响交通拥堵的重要原因之一，但决定交通拥堵程度的是汽车使用量。因此，还应通过公交优先、私家车限行、拥堵收费等政策引导出行方式转变，降低私家车使用强度。

交通系统是城市防灾减灾系统中的生命线之一，在灾害发生时，交通系统要担任应急救援、疏散、避难等任务，而道路空间是防灾救灾的载体。交通拥堵导致城市陷于瘫痪，快速展开救援疏散需要实施应急交通组织。

城市道路交通系统的应急交通组织是城市整体应急行动的重要组成部分，应急交通组织的有效与否直接影响到城市整体应急行动目标的实现，间接地反映了一个城市的形象与魅力。需要不断提高在应急交通组织所使用的设备的高科技含量，充分利用现有的 GIS、GPS、GPRS 等技术，结合先进的交通监视系统、交通预警系统、交通控制系统、交通诱导系统和智能决策系统，不断完善现有的交通指挥中心的功能向智能化应急交通组织的方向发展，以增强人们对非常态事件的控制能力。

五、共识：量身定制一份综合防灾减灾规划

由于城市人口的持续增长，城市规模的无序蔓延扩张，能源紧缺，各类生态环境问题不断凸显，防灾减灾技术应用的局限以及不断攀升的汽车保有量造成的交通拥堵等情况，唐山市面临的城市安全问题日趋复杂棘手，要应对各种灾害，打造一座安全之城，遵循过去政府相关部门各司其职的模式已经无法有效解决问题。一份针对唐山实际情况精心编制的综合防灾减灾规划显得十分必要，以整合全市防灾减灾资源，形成统一高效的安全体系。

截至 2016 年唐山市分别编制完成了城市消防专项规划、人防规划、绿地系统专项规划、防洪专项规划、综合交通专项规划等与防灾减灾直接或间接相关的专项规划。在历版城市总体规划中也都将防灾减灾作为重点专题加以详细研究。与灾害相关的很多问题可能会在不同专项规划里均有涉及，例如防灾避难场地的问题，在消防规划、绿地系统规划、防灾减灾专题等规划中存在交叉问题。

震后重建以来，唐山市先后完成了活动断裂层的探测，地震小区划定，对已建在役建筑的检测、加固，以及增设防灾避难场地，拓宽防灾疏散通道等防灾举措，基本上都以单独立项的方式进行，未纳入城市综合防灾减灾规划的内容。

在我国现有的法定规划体系内，城市总体规划与控制性详细规划均含有综合防灾的相关内容，总规阶段主要是确定城市各类防灾标准，提出防灾对策措施，布置防灾设施，以及提出防灾设施规划建设标准。而详细规划阶段则主要是落实确定总体规划阶段布置的防灾设施的具体位置、用地，合理布置建筑、道路并配置防灾基础设施。在城市综合性规划中解决防灾减灾问题始终存在一定局限性，更多的只是按照国家规范标准对与防灾相关的用地进行布置，同时缺乏针对防灾减灾实际工作中的灾害调查分析、灾害监测、灾害预报、灾害防护、灾害应急预案、灾害抗御救援和灾后恢复重建预案等环节的具体规划部署。因此有必要针对唐山市的具体情况编制一份综合防灾减灾规划。将防灾减灾工作中的多部门多灾种的实际工作纳入其中，对其提出综合性指导与建议。这也是参与城市防灾减灾的不同部门机构在实际工作中的共识。在此共识下，城市才

图 5-30 唐山市域防灾减灾分区图
（图片来源：唐山市城乡规划局）

能构建多部门联合的防灾减灾体系。

1．量身定制的防灾规划

2016 年 7 月，习近平总书记在唐山考察时就国家防灾减灾工作发表了重要讲话。为了贯彻落实讲话精神，继承和发扬唐山市抗震防灾的优良传统，降低灾害风险，建设安全城市，结合唐山实际情况，由清华同衡规划设计研究院有限公司与唐山市规划建筑设计研究院共同为唐山量身编制了《唐山市城市综合防灾减灾详细规划》，于 2015 年 11 月正式启动，2016 年年底完成。编制过程中，多次咨询清华大学、中国地震局、中国地质大学、华北理工大学、北京科技大学的教授、专家意见，并与地震局、国土局、民政局等多个部门进行多次交流。

规划坚持以防为主，防、抗、救相结合，常态减灾与非常态救灾相统一的原则，以地震为主线，综合考虑其他类型灾害，构建综合防灾减灾体系。针对唐山市灾害特点，规划动态重现了 1976 年唐山大地震对城区现有建筑的影响；根据震害模型，预测不同灾害影响下城市道路的通行情况，提出科学可靠的城市安全廊道；将避难场所的需求测算和规划布局落实到街区尺度，确保人人可以有效避难。其中安全廊道规划、面向民众的紧急避难场所规划和防灾规划图则等方面属于全国首创，达到了国内外领先水平。

城市综合防灾减灾规划的作用是分析城市防灾减灾工作中的问题，通过调整土地利用、空间和设施布局，形成良好的城市防灾空间设施网络，制定工程性和非工程性防灾措施，提升整体防灾能力。一般从市域和中心城区两个尺度考虑问题。市域的防灾减灾规划是指在市域范围内，解决全局性的重大防灾问题，布局市域重点防灾空间设施和建立市域防灾管理联合机制。中心城区的防灾减灾综合规划是指在中心城区范围内，科学分析灾害风险形势，评价城市现状综合防灾能力，制定适当的规划对策措施，以降低灾害风险和减少灾害损失。

（1）灾后重建城市的防灾减灾规划

唐山是在大地震废墟上建设起来的新兴城市，城市发展始终把防灾减灾建设放在重要位置。在城市规划与建设过程中，充分地考虑防灾减灾与城市空间结构、建设用地布局、产业布局、生命线工程、建筑设计等方面的关系。在防灾减灾研究方面，唐山市在震后积累了大量的研究成果，在唐山市防灾减灾建设方面做了大量的探索。

基于此，规划中重点做了以下几方面的工作：一是收集整理了唐山大地震的各种震害信息，作为规划的基础研究指导建设用地管控和设施布局等；二是规划模拟了相当于1976年唐山大地震震级作用下中心城区的建筑震害情况，模拟结果与历史地震进行对比，分析建筑防灾减灾的重点问题；三是将40年来唐山市在城市规划建设方面的防灾减灾措施进行梳理，评估实施效果，在此基础上，针对城市发展战略和防灾减灾发展新理念，为各个系统提出针对性的防灾减灾措施。

（2）常态防灾与非常态减灾的防灾减灾规划

习近平总书记在唐山地震40周年视察唐山时强调落实责任完善体系，整合资源，统筹力量，全面提高国家防灾减灾救灾能力。坚持预防为主、防抗救相结合，增强忧患意识、责任意识，坚持常态减灾和非常态救灾相统一。

规划落实习近平总书记提出的“常态减灾与非常态救灾”的指导思想，探索常态防灾与非常态减灾的防灾减灾规划编制新模式。规划“常态减灾”从市域防灾空间布局、城市建设用地管控、建筑抗灾能力建设、基础设施抗灾能力建设和防灾设施规划等方面进行展开，重点是在分析灾害风险的基础上，制定

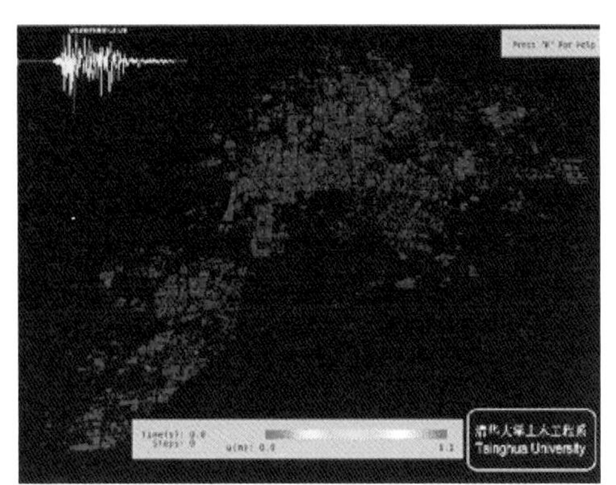

图5-31 唐山市城区建筑震害模拟仿真——不同地震波下的建筑破坏情况—1
（图片来源：北京清华同衡规划设计研究院有限公司）

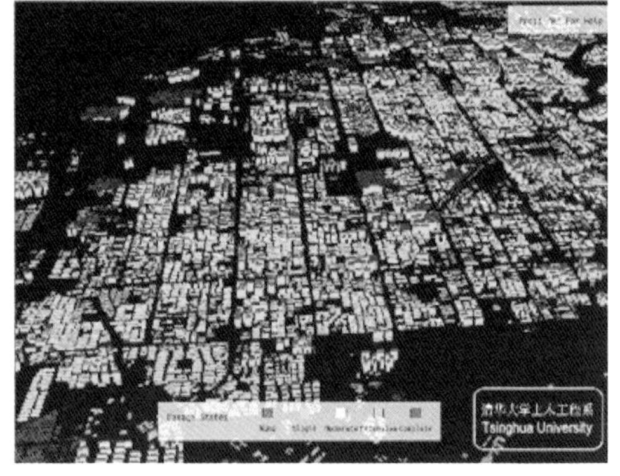

图5-32 唐山市城区建筑震害模拟仿真——不同地震波下的建筑破坏情况—2
（图片来源：北京清华同衡规划设计研究院有限公司）

城市总体防灾减灾布局以及城市各个系统防御灾害、抵抗灾害的措施，以更好地应对灾害的影响。非常态救灾主要从应急服务工程规划和应急保障工程规划两个方面进行展开，重点是考虑灾害发生时和灾害发生后，城市各个系统的保障措施，将灾害损失尽量降到最低。

（3）“共性管控＋个性定制”的防灾减灾规划

为了更好地体现城市特点，增强规划的实施性，规划提出“共性管控＋个性定制”的策略。将城市规划建设过程中涉及的各种通用性的规定、措施制成防灾减灾规划通则，解决唐山市防灾减灾规划建设中的通用性问题。统筹防灾设施空间布局，将灾害要素和防灾设施落实到每一个控制单元，解决79个控规单元中的具体防灾减灾问题，其内容包括场地安全、建筑安全、防灾工程设施、避难场地与疏散通道等。对地块出让及建筑方案设计提出具体的防灾要求，确保建设项目有效避让潜在风险。

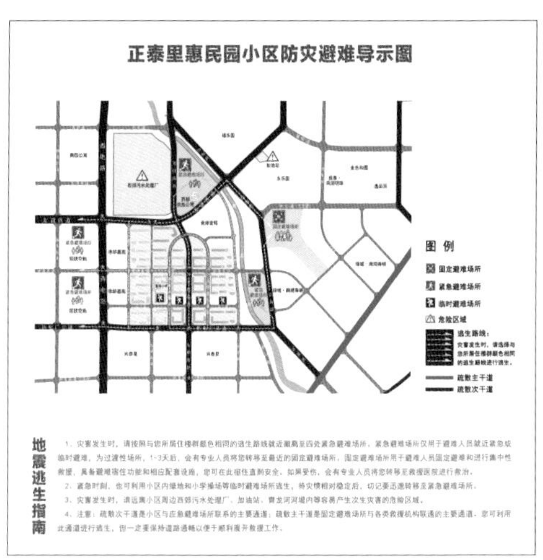

图 5-33 正泰里惠民园小区防灾避难导示图（图片来源：唐山市城乡规划局）

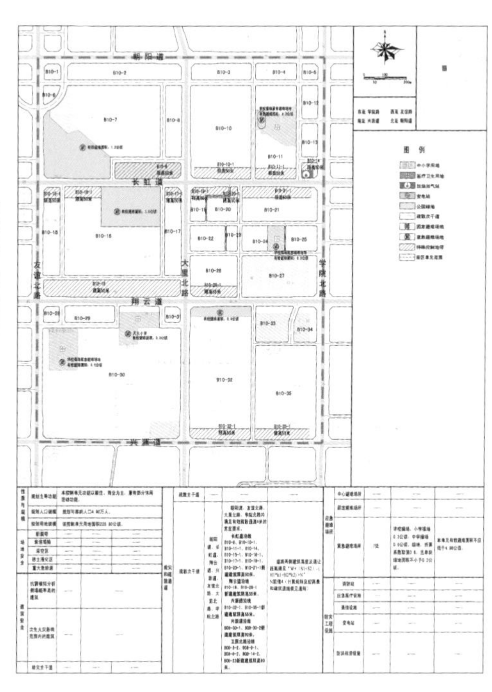

图 5-34 控制单元安全控制引导图则（图片来源：唐山市城乡规划局）

2. 将防灾减灾延伸到城市各个系统

灾害的预防和救援涉及城市建设的各个系统，是全社会共同参与的系统工程。防灾减灾规划的主要任务之一就是为城市各个系统提供防灾减灾优化措施，最大限度地减少灾害发生时对城市系统的影响，同时，城市各个系统也为防灾减灾救灾提供可靠支撑，保证将灾害损失降到最低。

（1）一般建筑

历史震害数据表明，建筑损坏是导致地震中人员伤亡的主要原因，在唐山大地震中唐山市区房屋建筑基本倒塌或发生严重破坏，人员死亡率高达15.8%。提高一般建筑的抗灾能力显得至关重要。在进行建筑防灾减灾规划时，要厘清主要建筑与场地的关系和提高群体性建筑抵抗灾害的能力。

规划对唐山市现状建筑进行统计分析，并对处于场地不利地段区域的建筑、抗震能力较差的建筑以及防火能力弱的建筑提出防灾减灾措施。主要通过搬迁避让、加固改造、拆除重建以及置换建筑功能等手段。

（2）交通系统

当发生灾害时，交通设施可能受到破坏，周边的建筑物可能出现倒塌，导致道路受阻，影响灾后救援疏散。所以在进行交通系统防灾减灾规划时，主要考虑两个方面的问题，一是交通系统本身的防灾减灾能力建设，二是救援疏散通道布局及保障措施。

交通系统本身的防灾减灾能力建设主要通过提高路面抗灾水平、减少不良地质条件对道路的影响以及交通系统中关键节点的安全保障。规划的重点问题是在进行救援疏散通道的布局规划时，充分考虑道路两侧建筑对路面通行情况的影响，规划安全、合理的布局方案，并对两侧建筑的高度和后退道路红线距离提出相应的防灾减灾措施。

（3）基础设施

防灾减灾规划中的城市基础设施包括供水系统、供电系统、供气系统、供热系统、通信系统、医疗系统以及物资储备系统等，基础设施防灾减灾规划主要是保证受灾民众的基本生产、生活以及救灾需求。由于基础设施具有承灾和救灾双重特性，所以要从基础设施的安全性、可靠性以及应急水平几个方面进行展开。

规划基础设施防灾减灾规划结合各个系统的专项规划，针对其在防灾、减灾和应急中的重要性和薄弱环节、基础设施建设和改造的防灾减灾要求和措施。安全性和可靠性，从工程选址与布局安全展开，包括地质安全隐患区的各类基础设施的防灾安全问题；各类基础设施本身的建筑工程性能、设防标准、防护措施等；各类基础设施与周边用地上的各类设施之间的相关影响关系。应急保障基础设施应分别采用冗余设置和增强抗灾能力的多种保障方式组合来保证满足其应急功能保障性能目标的可靠性要求。

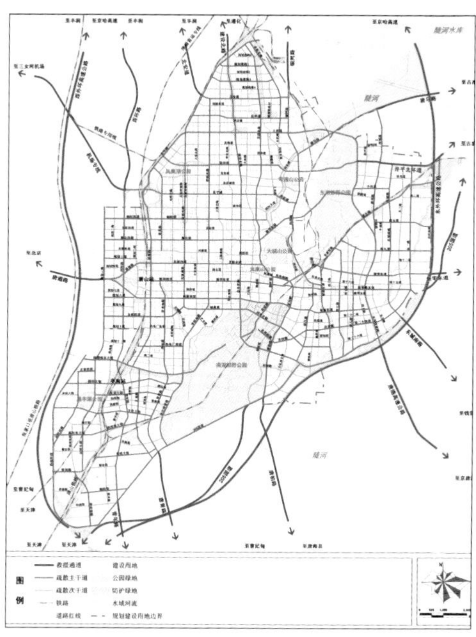

图 5-35 中心城区交通系统防灾减灾规划图
（图片来源：唐山市城乡规划局）

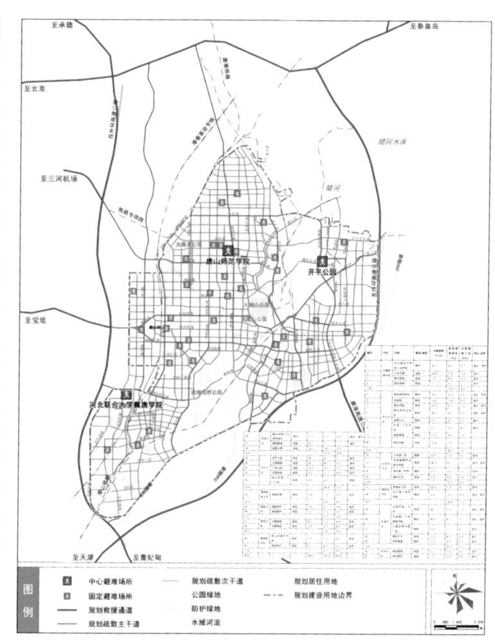

图 5-36 中心城区避难疏散体系规划图
（图片来源：唐山市城乡规划局）

（4）绿地系统

城市绿地系统可做为应急避难场所的主要资源。1976 年 7 月 28 日，唐山地震波及影响中，北京市区的各公园绿地立即成为避灾、救灾的中心基地，15 处公园绿地总面积 400 多公顷，疏散居民 20 多万人。

规划对以绿地系统为主的应急避难场所的需求预测及规划布局进行了重点

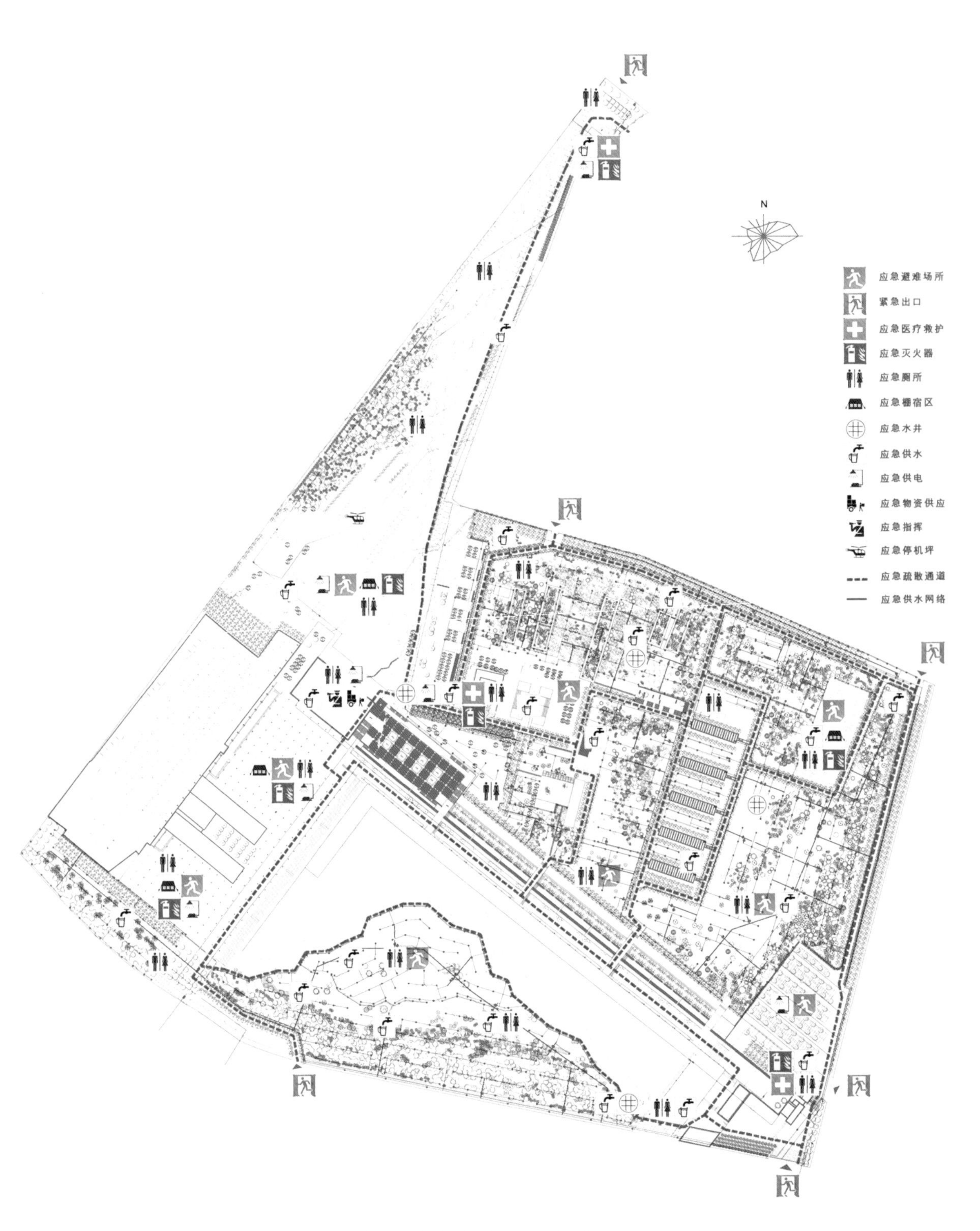

图 5-37 唐山地震遗址公园避难场地规划设计平面图

研究，在科学应急避难需求的预测下，计算唐山市需要规划建设应急避难场所的面积。对于现状绿地系统提出应急避难场所改造要求，规划绿地系统提出应急避难场所建设条件，规划布局应急避难场所体系。对于不满足要求的区域，结合旧城改造和新区建设提出适合的具有避难功能的绿地指标，提高避难场所建设率。

量身编制的综合防灾规划致力于实现唐山市从应对单一灾种向综合减灾转变，从注重灾后救助向注重灾前预防转变;规划成果和控制性详细规划紧密衔接，确保防灾要素清晰可控；通过认真实施防灾规划要求，努力将唐山市建设成为一个“中灾正常、大灾可控、巨灾可救”的韧性安全城市。

六、组建城市安全机构

就唐山而言，目前与防灾减灾相关的部门大致呈平行设置，分别为:地震局、应急办公室、住房与城乡建设局、规划局、水务局、气象局、安全生产监督管理局、民政局、卫生局、国土局、供电局、自来水公司、交通局、公安消防支队、公安交警支队、其他相关执法部门、环保局、广播电视总台、粮食局、天然气公司、通信运营商。上述机关单位都与防灾减灾存在关联。此外驻唐山地区解放军部队在发生灾害时也将发挥重要作用。如此繁杂的机构设置，看起来有很多部门在负责，实际上缺乏一个统一的、强有力的综合协调机构。各部门应急联动敏捷性差，资源共享度低，人力物力浪费大。各级的系统互不隶属、机制不同、网络不能互通，部门难以快速协调，紧急状态下指挥权缺乏必要的授权，应急处理效率低下[1]。因此在综合防灾减灾的框架内组建针对城市安全的责任机构将会使唐山在面对各种复杂灾害时受益良多。

综合防灾减灾作为一项复杂的系统性工作，包括针对唐山主要类型灾害的监测、预报、防护、抗御、救援和灾后恢复重建等多方面工作。涉及人力资源、物资资源、时间资源、空间资源、城市生命线资源、技术资源以及行政管理与组织资源。纵览国外城市防灾减灾管理经验，尽管各国模式因国情不同而各具

[1] 贺岚．城市公共安全体系的构建与完善 [J]. 行政与法，2004(6):8-10

图 5-38 位于唐山市地震遗址公园内的应急指挥中心

特色，但核心内容是统一的:都有多元化、立体化、网络化的综合减灾应急体系;都有一个以政府决策层为核心的固定的中枢指挥机构；都有一套常设的专职机构及相关科学家、专业人员从头至尾参与减灾实践的制度；都有严格而高效的政府信息发布系统及明确的政府职能[1]。之前所倡导的共识性综合防灾减灾规划更多的是对硬件方面的物质、环境、设施体等进行统一规划安排。而软件方面的人力资源、管理组织运营也需要一个权威机构进行统一部署指挥。组建一个城市安全机构能够打破现有平行的、条块分割比较严重的组织构架，形成向心合力，真正落实综合防灾减灾规划。

城市安全机构的核心是要优化综合减灾管理系统中的内在联系，并创造可协调的运作模式,形成一套统一指挥、反应灵敏、协调有序、运转高效的应急机制,将由政府决策领导人、各相关部门的技术与管理人员代表、不同灾害领域方面的专业人士、城市规划师、市政工程师、市民代表组成。

城市安全机构的工作将重点关注以下几方面。

地方法律法规。由城市安全机构组织制定保障防灾减灾工作顺利进行的地方法规与条例，对公共安全体系的主体构建、具体运作方向、运作方式和程序、责任机构和人员作出全面、详细的规定,避免缺漏,并制定相对应的执法责任部门。

统筹部署。主要针对涉及多部门重叠执行综合防灾减灾规划中某些具体内容时，出现的责任混乱情况。对于涉及多部门的任务，将由城市安全机构根据客观情况进行明确分工。防止交叉干预却无明确责任与执行主体的情况发生。

制定城市层面的灾害应急预案。过去不同部门独立制定应急预案，部门之间缺乏合作。城市安全机构将在整个城市层面统一制定综合性应急预案，并在灾害发生时成为城市抗灾救灾指挥中心。

建立灾害预警机制。加强信息建设，消除不安定因素，降低紧急事故带来的危害。政府作为权威信息的掌握者和控制者，对能够预见的重大灾害要及时告知社会提前防范；对不能预见的突发灾害，在突发事件发生之初尽量在第一时间直接或通过权威媒体向社会通报情况，建立权威的信息发布和报告机制，

[1] 王雅莉．我国城市安全管理与应急机制的建设 [J]. 青岛科技大学学报（社会科学版），2006，22(6):1–6

以积极地引导社会公众的理性行为，安定民心。加大人力、物力的投入，积极推进科技减灾，鼓励开展防灾减灾的基础研究和应用研究，提高灾害的预测和预报能力。

利用数字城市技术提高城市防灾减灾能力。利用3S（地理信息系统，全球定位系统，遥感技术）技术和计算机网络技术，采用多维虚拟现实技术（Virual Reality），用数学和物理模型来进行数字仿真，模拟灾害发生、传播的全过程，实现防灾减灾的数字化、网络化和可视化。既能为社会的减灾行动进行最佳决策，又能直接用于研究灾害形成，并为建立灾害防治系统提供支持。GIS 作为数字城市关键技术之一，具有强大的空间分析能力和辅助决策功能可以大大提高城市的防灾减灾能力。

加强公众防灾减灾安全意识和危机意识。建立城市居民安全教育体系，对城市建设与城市安全的有关概念、安全价值观、安全法规体系及事故防治、事故应急救援知识等进行全面的社会化教育，形成良好的社会氛围。通过对不同年龄层次的人群，有针对性地开展防灾教育，使防灾、减灾真正落实到实效上，在灾难发生的时候，尽可能减少伤亡和损失。同时，加强公众的危机意识教育，把居安思危教育作为现代公民意识教育的重要内容之一。加强公民的安全自救教育，增强抗灾意识，遇到突发灾害事件，能够做到听从指挥，临危不乱，并能积极参加救灾行动。

七、通向未来的安全之路：基于"弹性城市"的防灾减灾规划

中国地域辽阔，灾害情况复杂且多发，中国的大部分城市在经历了快速城市化后，将迎来更加严峻的挑战。这些短时期内迅速完成扩张并建成的城市，能否实现可持续发展存在着很多未知因素，灾害可能是其中影响最大的风险。实践证明，城市难以有效规避各种不确定性因素，一旦发生风险时，城市所遭受的社会经济损失往往与城市规模等级呈正比。

为此中央政府从国家"十二五"规划开始，明确将加强城市综合防灾减灾

能力列为今后指导城市发展的一个重要原则。加之快速城市建设过程中历来注重地面以上部分而轻视地下工程、防灾减灾建设投资体制过于松散与僵化，各相关部门条块分割严重，种种问题表明，今天的城市需要寻求全新的符合当前城市情况的理论来指导防灾减灾工作。

国内外相关学术界均将目光聚焦到“弹性城市”上。事实上早在20世纪90年代欧美部分国家以及日本等都已经将该理论应用到实际防灾减灾工作之中。日本同样作为一个灾害频发的国家，在2014年就推出“国土强韧化规划”，同时相应制定了“国土强韧化基本法案”。希望通过整合社会资本重点推进必要防灾减灾工程的建设，以应对大规模灾害，将日本建设成“防灾大国”。联合国国际减灾战略署2013年提出打造“弹性城市”，这意味着该理论已经成为当前背景下全球城市在面对灾害时所达成的共识：“弹性城市”将是城市通向未来的安全之路。

作为国家防震减灾示范城市，唐山市抗震防灾工作一直处于国内先进水平。1976年唐山震后重建规划曾在国内首次将抗震防灾规划作为专项规划提出，保证了唐山市震后城市建设过程中各类建筑物构筑物的抗震强度达到国家相应的设防标准（一般建筑物为8度设防、生命线工程及重要建筑物为9度设防），为唐山市的城市防灾减灾打下了坚实强韧的基础。然而真实的数据表明，近年来全球范围内的各类灾害一次次证明仅仅通过提高建筑物强度、防洪堤高度等工程性手段已无法有效降低灾害发生时城市遭受的损失。

相反地弹性城市的提出更大的意义在于改变人们对待灾害的传统态度。弹性城市是城市或城市系统能够消化并吸收外界干扰和破坏，并保持主要特征、功能与结构的能力。其强调城市在受到各类灾害扰动后城市保持或恢复稳定的能力。城市应由过去迷信技术和人定胜天的“抗灾”思维，转变为顺应自然、合理规避灾害的“减灾”思维。这是由刚性向弹性的转变。唐山过去的防灾工作主要是刚性思维在主导。随着弹性城市理论应用越来越普及，唐山市也必将基于该理论展开综合防灾减灾工作。

首先要构建弹性的能源结构。唐山的能源结构因为单一而显得脆弱缺乏弹性。作为煤炭的重要产地，煤炭是城市得以建立的资源基础，自然而然其使用比重一直占据着非常高的比例。百年的燃煤历史导致唐山地区大气污染一直非常严重。

近年来唐山已经意识到这方面的问题，并开始引入多样化能源，尤其是新型清洁能源，例如引入永唐秦天然气管线、LNG 管线供应中心城区；沿海地区加大风能的应用，并重点推进了国家百万千瓦级海上风电基地项目；全市范围内开始宣传推广太阳能、生物质能、浅层地热能等能源的应用；未来还将在迁西县筹建核电厂。多样化的能源结构有利于城市应对不同能源短缺的局面，大量新型清洁能源的利用也将改善唐山地区的大气状况。

图 5-39 唐山 LNG 接收站建成后全景图
（图片来源：唐山市规划展览馆）

其次是城市生命线系统的强韧化。这涉及唐山市的交通设施、市政设施、医疗救助机构、防灾避难场地与疏散救援通道，当然还有之前所倡导组建的城市安全责任机构。

当前唐山的交通系统包括铁路、公路、机场和港口，初步形成了海陆空综合交通体系。基于 1976 年大地震的经验教训，城市在东西南北四个方向都保证至少有两条主要对外通道。路线的多样性也能提高城市的弹性。避免发生 1976 年地震时城市出入口不足，一旦被堵塞将延误救援的情况。随着私家车拥有量的增加，城市道路日益拥堵，对外出入口的通行能力受到影响。为了保证生命线系统的弹性，除了应对主要救援与疏散通道进行防灾加固之外，还应制定日常与应急交通管制预案，防止城市出入口与主要通道交通拥堵的发生。

1976年地震导致唐山公路、铁路交通瘫痪时，市区内原军用机场在救援中发挥了关键作用。现在由于城市扩张已经拆建为高层居住区。现在唐山三女河机场为一座军民合用机场，位于唐山市丰润区境内，距唐山市中心约20公里，通过机场路与中心城区联系。由于距离相对过去远离中心城区，因此机场路的快速通行能力直接影响着唐山处理紧急情况的反应速度。

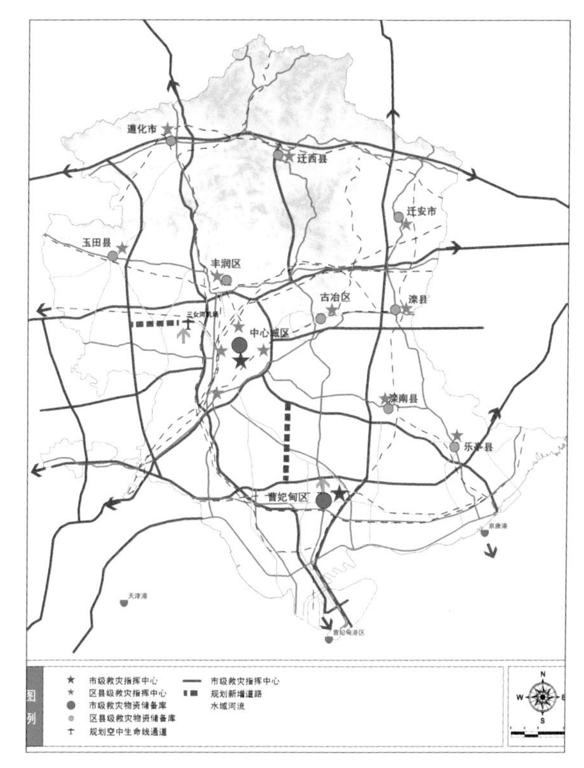

图 5-40 唐山市域交通体系防灾减灾规划图
（图片来源：唐山市城乡规划局）

国家发改委印发了《促进综合交通枢纽发展的指导意见》，并公布了42个全国性综合交通枢纽城市的名单，唐山与北京、天津、上海等城市同列其中。铁路系统将是唐山未来综合交通的重要组成部分。这有利于唐山构建多元的弹性交通网络，但前提是铁路系统的相关设施，如火车站、铁路路基等得到强韧化。最后整个交通系统与设施需要统一纳入城市安全责任机构的指挥与应急预案控制之内。

城市各项市政设施在遭受地震等灾害时会显得非常脆弱。地表之下分布着燃气、热力、供电、供水、雨污水以及通信等管线。对于维护城市正常运行发挥着重要作用，更是灾时城市生命线系统中需要重点关注的部分。当前国内很多城市都在通过建设综合管廊实现对地下各种管线设施的综合管控。从安全角度考虑，综合管廊能有效减少城市日常管道跑冒滴漏事故，有利于对各类管道统一进行维护管理，降低管道爆炸泄漏的风险。管廊隧道发生灾害时也能针对性地进行抢修与排查。可以说综合管廊是提高生命线系统"弹性"的切实可行途径之一。基于此唐山市开始规划建设市政综合管廊，初步论证在大里路（龙华道—龙富南道段，全长约为 1 千米）与龙源路（甄家庄—翔云道段，全长约为 4 千米）进行先行建设，以后逐渐在市区主要管线走廊普及。

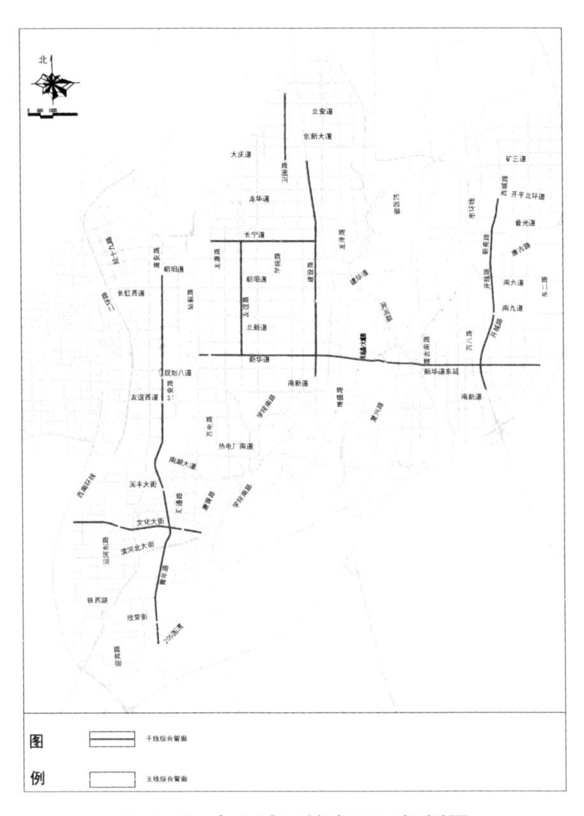

图 5-41 中心城区管廊平面规划图
（图片来源：唐山市城乡规划局）

防灾避难场地作为民众躲避火灾、爆炸、洪水、地震、疫情等重大突发公共事件的安全空间，一般在城市开放空间中按照规范要求选取设置，在防灾减灾工作中具有重要作用。当前城市在水平和垂直方向的双重扩张造成城市内开放空间面积不断减少，城市建筑高度增加也导致原本规划设置的避难场地有可能变得不再符合相关规范的要求。

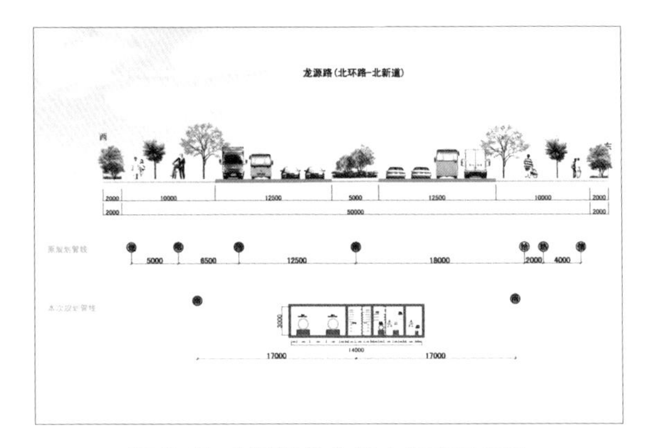

图 5-42 龙源路综合管廊断面示意图
（图片来源：唐山市城乡规划局）

与此同时城市中汽车数量持续增加，很多开放空间、消防通道、甚至避难场地正被越停越多的小汽车不断侵占。近年来经常发生住宅小区因消防通道被私家车挤占而延误救援，最终酿成悲剧的案例。因此对防灾避难场地周边开发建设的强度、建筑物高度必须严格控制。

举例来说，以唐山抗震纪念碑广场及周边商业区在震后 40 年的变化情况最具代表性。纪念碑广场于震后十周年前夕建成，成为唐山市的中心广场和标志性建筑之一。广场南部为原人民公园，后改建为大钊公园。广场与公园共计 20 余公顷，四周由建设路、新华道两条主干道和文化路、国防道两条次干道包围。周边分布着商业、办公、居住等城市功能区。自 1976 年唐山重建规划起，便被列为防灾避难场地。震后重建 40 年中，该地区商业功能逐渐集聚。由于土地资源紧缺，土地价值提升，本地区开发强度持续增大。当前已经成为高层林立的商业中心。大量的人流

图 5-43 抗震纪念碑广场
（图片来源：唐山抗震纪念馆）

图 5-44 纪念碑广场周边鸟瞰（1992 年）
（图片来源：《唐山城市记忆》）

图 5-45 抗震纪念碑广场（2017 年）

与车流在该地区往来汇聚，四周道路交通压力一直很大。因停车位与开发强度和车流量不匹配，现状广场与公园四周已作为停车场使用。一旦发生突发情况，该地区极易发生交通混乱，广场与公园避难空间的可达性受到限制，很难有效发挥作用。

防灾避难场地的实际防灾能力有助于提高城市弹性。其防灾能力由各个避难场地外部与内部两方面决定。对于场地内部，需要尽量配备完善的独立供电系统、应急直升机停机坪、应急消防措施、应急避难疏散区、应急供水等 11 种应急避险功能，形成一个集通讯、电力、物流、人流、信息流等为一体的完整网络，并且要由防灾指挥中心制定应急预案，定期组织市民演练。场地外部则需要完善周边疏散引导标识系统，加强场地周边的管理维护。在不影响日常功能运转的前提下，保证灾时能迅速发挥避难场地的作用。

唐山生命线工程中重要建筑物、构筑物的抗震设防等级达到 9 度设防，理论上在面对灾害时具有很强的庇护能力，令人担忧的是建筑在实际建设完成后是否真正符合 8 度或者 9 度设防标准，当前建筑抗震设防审核过程一般缺少现场跟踪审查，已经逐渐简化为纸质文件的审阅。这种审核方式无法保障建筑设防真正达标。为此要保证城市的强韧基础必须要制定出更严密科学的审核方式和监督机制，涵盖建筑设计、工程结构、施工方式、材料规范等各个方面。

第三，要全面提高城市弹性最根本的措施还是在城市用地布局和土地开发建设控制中加入弹性思维，即前面章节提到的，在用地功能布局时将基于弹性思维的防灾减灾作为重要的考量因素，实现土地利用的弹性化。城市作为一定区域内人流、物流、车流、信息流的高度聚集区，一旦遭受巨大灾害的侵袭，将会如被推倒的多米诺骨牌一样，相互波及扩散。在过去的快速城市化过程中，决策者、公众、投资人、开发者，甚至城市规划师常常由于城市短期的发展而或多或少忽略防灾减灾的重要性。这时仅仅依靠生命线工程无法降低灾害在城市整体范围内的损失。

这并不代表防灾减灾将成为影响土地利用规划布局的决定性因素，而是要在布置各类基础设施、交通系统、住房、工业生产、商业金融、生态绿地等用地时将防灾减灾规划融入其中。如果一味强调土地利用规划中防灾减灾的决策作用,将会对城市很多功能造成影响,并受到投资者与公众的反对,很难真正实施。

一份可实施的、兼顾防灾减灾的土地利用规划需要多方面的平衡考虑。需要在规划区内划定灾害风险区域,以权威机构提供的唐山地区主要灾害类型的发生位置、强度、概率等数据作为依据,如地质灾害、水文灾害、气象灾害等。进而确定不同区域的土地开发模式与强度、建设标准或改造加固需求。对于灾害高风险区,通过土地置换、土地征改、土地税收等政策手段逐渐将城市建设活动引导出各类高危区域。对于灾害低风险区,可以设定一定防灾减灾开发要求。对于重要的基础设施与公共设施(如学校、医院)尽量选取灾害风险水平较低的区域布置。参照现行版(2011 年)总体规划,很多城市用地,有些为高强度开发用地,处于灾害危险区域。主要涉及地震断裂带、陡河沿岸、采煤塌陷区、岩溶塌陷区以及地震液化区等。需要在新一轮的城市总体用地规划布局和控制性详细规划的修编中加以平衡调整。

第四,一座能应对灾害侵扰的弹性城市,其经济社会方面也应该具备足够的弹性。良好的城市经济环境能保证城市高品质的建设,为城市防灾减灾提供充分的经济支持。当前唐山正在积极寻求城市经济产业转型,由过去内陆资源型向沿海开放型转变,由资源依赖型向创新驱动型转变。钢铁产业所占的比重正在持续降低。政府开始为中小创新型企业搭建成长平台。制定实施科技型中小企业成长计划,力争通过 3 到 5 年的努力,培育打造以高新区为代表的 10 大科

图 5-46 唐山市地震局利用互联网平台搭建的唐山防灾减灾信息网
(图片来源:http://www.tseq.gov.cn)

技园区，实现经济发展动力的根本性转换。

社会方面弹性主要取决于年龄结构与防灾常识技能水平、大众防灾宣传与信息交流等方面。未来人口不断老龄化是不可逆转的趋势，这将对防灾减灾工作提出更高的要求。普及居民应对灾害的常识与技能也是提高社会弹性的有效途径之一。唐山市历来重视防灾减灾方面的宣传与教育推广。唐山市地震局近年来利用“10·13 国际减轻自然灾害日”、“5·12 全国防灾减灾日”、“7·28 地震周年”等特殊时间在全市范围推广防灾减灾常识与技能，并借助互联网、个人手机移动网络等平台，让灾害信息的传播渠道更加便捷与多样化。这对于提高全社会科学认识灾害与应对灾害的能力发挥了重要作用。由于7·28 唐山大地震血的教训，唐山地区民众的防灾减灾意识普遍较高，对于灾害的关注度也较高，这是在唐山开展防灾减灾工作良好的社会基础。

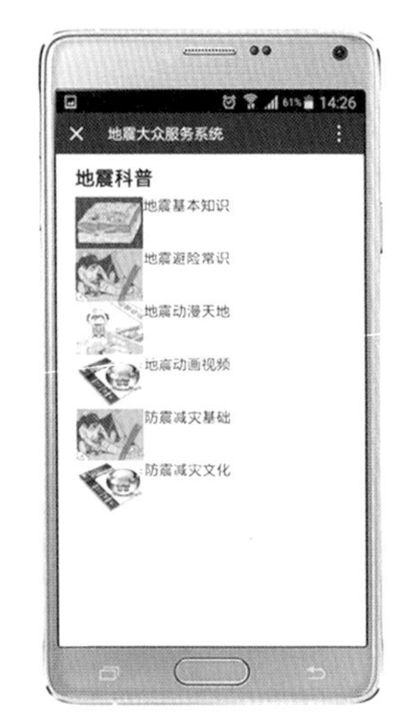

图 5-47 唐山市地震局借助手机微信平台搭建的地震大众服务系统
（图片来源：网络截图）

上述分别从技术弹性、经济弹性、社会弹性等角度论述了唐山未来构建弹性城市所涉及的问题。总体来说，弹性城市规划的理念与实践在我国尚处于探索阶段。唐山作为一座在地震中涅槃的凤凰之城将不断地在这方面进行研究、尝试，并在人力、物力、科技、资金等方面进行长期持续的投入。唐山市规划相关部门与防灾减灾相关部门在市政府的领导下将从关注唐山城市系统中最脆弱的部分开始着手，增强城市硬件方面基础设施与软件方面的行政管理与社会基础。这一过程必将涉及多方面的利益相关者，需要整合土地利用、能源管理、生态服务系统、住房、交通、公共卫生、消防、垃圾处理等多个部门，形成合力。

城市政府也将通过具有法律效应的城市控制性详细规划以及城市管治保障基于弹性思维的防灾减灾规划顺利实施。

图 6-1 唐山南湖景区航拍
（图片来源：唐山规划展览馆）

结语

Epilogue

2016 年是唐山震后重建 40 周年，历经四十载的重建，几代人的努力，一座浴火重生的凤凰之城以全新的面貌重新矗立在渤海之滨。回首唐山的城市发展史，各类灾害风险始终相伴、不时侵袭，在这片土地上留下或轻或重的创伤。时间是剂良药，抚平了灾害过后留在这座城市和人们心里的创伤，时间也将是见证者，见证唐山未来将成为一座能从容应对各类灾害的安全之城。

2016 年是唐山城市发展史上不平凡的一年：世界园艺博览会、金鸡百花电影节、中国—中东欧国家地方领导人会议、中国—拉美企业家峰会等一系列重大城市事件的成功召开标志着唐山更加开放、创新、多元，具有更广泛的城市影响力。

2016 年是唐山抗震防灾史上充满挑战与改革的一年，中共中央总书记、国家主席、中央军委主席习近平在唐山抗震救灾和新唐山建设 40 年之际，来到河北唐山市，就实施“十三五”规划、促进经济社会发展、加强防灾减灾救灾能力建设进行调研考察。总书记提出要正确处理防灾减灾救灾和经济社会发展的关系，坚持以防为主、防抗救相结合，坚持常态减灾和非常态救灾相统一，提高全民防灾抗灾意识，全面提高国家综合防灾减灾救灾能力。这是对唐山、河北省乃至全国提升抵御自然灾害的综合防范能力，建设韧性安全城市提出的战略性要求和殷切希望。在此发展观念的引领下，唐山将建立更加完善、科学的城市防灾减灾体系，提高城市生命线系统运营效率和智能化水平，为今后的腾飞保驾护航。

风险，错综复杂，无处不在；而安全是人类生存和发展的永恒主题，是城市运行坚守的最后底线，在寻求通往未来的安全之路上，唐山，这座经历灾难并涅槃重生的城市，必将身先士卒，积极探索新方向，努力寻求新突破，更安全地建设当下，走向未来……